기후위기,
미래를
만드는 방법

일러두기

1. 지속가능한 미래를 위해 재생원료를 배합하여 만든 친환경 종이를 사용했습니다.
2. 종이 재활용을 위해 표지 코팅을 하지 않았습니다.

OJERI@KU 기초과학, 생태계물질순환 시리즈 **1**

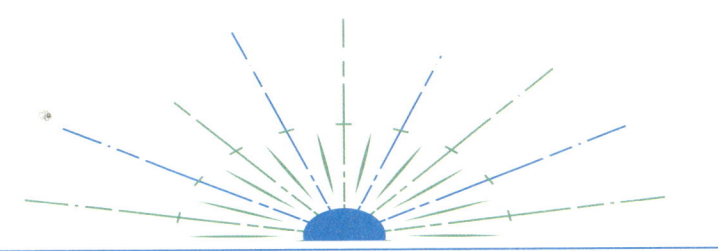

기후위기, 미래를 만드는 방법

기후변화 ＊ 기후과학 ＊ 기후정책 ＊ 기후행동

박훈 지음 ＊ 고려대학교 오정리질리언스연구원 기획

도서출판

차례

들어가는 글　　　　　　　　　　　8
추천사　　　　　　　　　　　　　10

01 기후위기
보이지 않는 위기에 직면한 우리들

우리가 기후변화에 둔감한 이유　　　　　17
한반도가 침수된다　　　　　　　　　　　24
더워지는 한반도, 늘어나는 폭염　　　　　29
따뜻한 온기를 느끼지 못하는 이웃　　　　35
대기오염이 줄어도 미세먼지는 심해진다　39
지금 호흡기가 상처 입고 있다　　　　　　48
우리가 알던 자연이 사라져 간다　　　　　53
6천 6백만 년 전 대멸종이 다가오고 있다　61
기후변화 시나리오 절망과 희망　　　　　68

02 기후정책
위기에 현명하게 대처하고 있을까?

기후위기에 대응하는 정책들   81
탄소중립: 덜 내뿜고, 남는 배출량은 흡수하자   94
금융시장의 흐름을 바꿀 기후변화   101
탄소 가격제: 탄소에 가격을 매길 수 있을까?   109
쇼크테라피: 고농도 미세먼지 대응   119
유럽연합의 기후위기 대응   122

03 지속가능에너지
미래를 위한 첫걸음

디지털사회와 에너지사용의 변화   131
원자력은 기후위기 대응에 도움이 될까?   140
가장 효과적인 차세대 에너지는?   144
미래의 에너지창고 전기자동차   152
에너지 운반체 수소는 정말 효과적일까?   157
우리집 에너지 사용 어떻게 줄일까?   166

04 기후위기 대응
우리가 할 수 있는 것

고래 1마리가 온실가스를 줄인다	173
우리나라 온실가스 배출, 주범은 누구인가?	177
고기를 덜 먹으면 미세먼지가 준다	186
단 한 사람도 소외되지 않기	193
기후위기 대응에 필요한 비용은 얼마일까?	199
기후위기와 우리의 행동 변화	205

나가는 글 기후변화대응, 개인의 노력	212
주	216
참고문헌	222

들어가는 글

고려대학교 오정리질리언스연구원OJEong Resilience Institute, OJERI은 오정 민남규 회장님의 후원으로 2014년 설립되어 리질리언스resilience, 회복탄력성로 대표되는 각종 환경 관련 연구를 수행하고 있습니다. 2021년부터는 한국연구재단과 교육부가 지원하는 자율운영 중점연구소로 선정돼, 9년 동안 '환경·기후 위기 대응 생태계 물질순환 기초과학' 연구에 매진하고 있습니다. 이 책은 OJERI 연구사업의 일부로서, 최신 과학 성과와 각종 통계자료를 통해 기후 위기와 환경 위기의 현황을 시민과 공유하고 함께 해법을 찾으려는 노력을 담았습니다.

2022년 2월, 기후변화에 관한 정부간 협의체Intergovernmental Panel on Climate Change, IPCC의 제2실무그룹Working Group II이 제6차 평가보고서를 공개했습니다. 2021년 8월 공개된 제1실무그룹의 보고서가 기후위기의 과학적 근거를 밝히는 데 집중했다면, 제2실무그룹의 보고서는 그 기후변화의 영향과 그 대응 방법을 모색했습니다.

보고서는 기후, 생태계 및 생물다양성, 그리고 인간 사회의 상호의존성을 강력히 인식합니다. 그래서 자연과학, 생태학, 사회과학, 경제학의 지식을 이전의 보고서들보다 치밀하게 통합했습니다. 전에는 기후와 관계가 적다고 생각했던 생물다양성 손실, 지속불가능한 자연자원 소비, 토양·생태계의 황폐화, 급속한 도시화, 인구 구조의 변화, 사회·경제적 불평등, 전염병·감염병의 지구적 범유행pandemic까지 함께 연구해야 한다고 강조합니다.

이 제2실무그룹의 보고서가 OJERI 중점연구소의 연구를 반영하는 듯합니다. OJERI의 연구가 '생태계 순환의 고리'라는 공통의 인식 틀에서 대기·토양·해양·생태계의 유기적 연결 관계를 파악하며, 이를 위해 생태계의 물질순환을 더 정교하게 분석하고, 생태계 기초 기작을 이론화하고, 관측중심 현장연구를 강화하며, 통합 생태계를 평가하는 모델도 개발하는 것을 목표로 하고 있기 때문입니다.

이 도서는 OJERI가 이같이 원대한 연구목표를 이루는 첫걸음의 하나로서, 일반인과 과학지식을 교류하려는 의도에서 기획되었습니다. 9가지 지구위험한계planetary boundaries 중에서도 가장 중요한 2가지 요소인 기후변화와 생물권 온전성 변화의 현재와 미래 전망을 풀어서 설명하고, 그런 변화로 인해 발생할 수 있는 인류와 생태계의 위기를 피하거나 그 피해를 줄이는 방법을 제안했습니다.

출판을 기획한 오정리질리언스연구원 이우균 원장님과, 거친 원고를 다듬어 주신 도서출판 품에 감사의 말씀을 드립니다. 여러 번 퇴고했으나 남아있을지 모르는 실수는 온전히 저자의 몫입니다.

오정리질리언스연구원 연구실에서
연구교수 박훈

추천사

기후위기가 갈수록 깊어지고 있습니다. 기후위기를 체감하는 사람들이 늘어나고 있고 심각하다고 답하는 응답자가 90%를 훌쩍 넘은 지 오래되었습니다. 하지만 기후위기가 왜 발생하고, 이 위기로부터 어떻게 벗어날 수 있는지, 우리는 무엇을 어떻게 해야 하는지 등에 대해 알려주는 친절한 안내서가 적습니다. 많은 자료들이 있지만 여기 저기 흩어져 있어서 일반시민들은 정보를 일일이 찾아봐야 하는 번거로움과 불편함이 있습니다. 하지만 <기후위기, 미래를 만드는 방법>은 이런 필요를 채워주는 친절한 안내서입니다. 다양한 정보가 어디에 있는지를 누구보다 잘 아는 저자의 해박함이 빛나는 대목이죠.

저자는 책에서 말합니다. 많이 알고 있다는 착각과 자신의 믿음이나 기존 지식에 맞는 정보에만 귀를 기울임으로써 잘못된 지식이 점점 더 굳어져가는 확증편향이 우리의 눈과 귀를 닫게 만든다고. 이 책에는 그런 이들의 마음조차 움직이게 만들 수 있는 광범위한 자료들이 총망라되어 있습니다. 특히 우리가 기후위기를 이해하기 위해 알아야 할 과학적 사실을 다양한 그림과 표로 보여줌으로써 독자들은 문제의 핵심을 한 번에 알아차릴 수 있습니다. 정보를 시각화하는 데 뛰어난 저자의 장점이 고스란히 스며있습니다.

또 현재 우리 정책 대응이 어떠한지, 현명하게 잘 대응하고 있는지에 대해 알려주고 고민하게 만듭니다. 요즘 많은 이들이 궁금해하는 원자력과 수소, 전기차, 디지털 기술 등 다양한 쟁점들에 대해서도 다룹니다. 각자가 가진 확증편향을 내려놓고 곱씹어볼 필요가 있는 이야기들에 귀를 기울이고, 생각을 다듬어볼 기회를 제공합니다. 에너지 이용의 변화와 상대적으로 잘 대응하고 있다는 유럽의 기후정책을 살펴봅니다. 현명한 변화는 오늘을 제대로 이해하는 데서 오기 때문입니다.

　책은 위기 상황을 지적하는 데서 끝나지 않습니다. 우리가 흔히 묻는 질문, "그래서 난 무엇을 해야 하고 할 수 있는 걸까?"에 대해 말합니다. 위기에는 기회가 내재해 있습니다. 기후위기도 마찬가지입니다. 우리는 그간 화석연료에 의존한 삶을 너무나 당연하게 생각하며 살았습니다. 기후위기를 통해 자연이 맺고 있는 관계가 건강했는지 되짚어보게 됩니다. '세상에 공짜 점심이 없다'는 말처럼, 기후위기는 산업혁명 이후 이제까지 누려온 안락함과 쾌적함, 편리함이 대가를 요구하는 자연의 경고입니다. 그렇다면 이제 어떻게 해야 할까요? 바로 이 지점에서 저자는 우리를 변화시킴으로써 "미래를 만드는 방법"에 대해 이야기합니다. 미래는 이미 만들어진 모습으로 우리를 기다리는 게 아니라 오늘 우리가 내리는 결정으로, 오늘 우리의 변화된 행동으로 만들어가는 것이기 때문입니다.

　한 권의 책이 모든 걸 말해줄 수는 없습니다. 하지만 <기후위기, 미래를 만드는 방법>은 우리가 꼭 알아야 할 과학적 사실을 총체적으로 살필 수 있습니다. 이 책을 통해 기후위기를 이해하고 변화를 진지하게 고민하면서, 나부터 지금 바로 여기서 변화를 만들어가는 독자들이 늘어난다면 우리는 기후위기로부터 안전한 미래를 만들어갈 수 있을 것입니다.

2050 탄소중립녹색성장위원회 민간위원장 윤순진

기후변화에 관한 정부간 협의체IPCC에서 전 세계 과학자들의 분석을 토대로 발간해온 보고서들에 따르면, 세계가 지금과 같이 온실가스를 배출한다면 조만간 전 지구 평균 표면 온도가 산업화 이전과 비교해서 1.5~2℃ 상승한다고 합니다. 그때가 되면 인류의 힘으로는 더 이상 돌이킬 수 없게 되는 재앙을 맞게 됩니다. 지구가 기후위기로부터 회복할 수 있도록 인류가 행동할 수 있는 기한이 10여 년밖에 남지 않았습니다. 지구의 회복탄력성을 연구하는 오정리질리언스연구원에서 적절한 시기에 좋은 내용으로 기후위기 대응을 위한 안내서를 발간한 것이 기쁩니다.

박훈 박사는 우리나라 기후환경분야에서 탄광의 카나리아 같은 존재입니다. 기후에너지정책에 대한 대부분의 정보를 가장 먼저 정리해서 전문가들뿐만 아니라 일반시민들에게 나누는 것을 본업처럼 여기고 있습니다. 이 책은 기후위기 극복을 위해서 우리가 어떻게 행동해야 하는지 고민하고 있습니다.

기후위기의 심각성과 기후행동의 필요성을 시민들의 눈높이에서 과학적인 데이터만으로 설득력 있게 이야기합니다. 특히 이번 책은 기후위기의 심각성을 경고하는 이야기보다는 기후위기에 현명하게 대처하고, 희망의 미래를 위해 우리가 해야 할 일에 초점을 맞췄습니다. 기후위기와 관련하여 어려운 질문들을 이처럼 쉽고 과학적으로 설명하는 책은 찾기 힘들 것입니다. 이 책에서 제시한 기후위기시대, 시민들이 함께 미래를 만드는 방법이 모든 사람의 상식이 되어, 박훈 박사를 포함한 기후위기의 첨병들이 탄광에서 벗어난 카나리아처럼 자유롭게 되는 날이 빨리 오면 좋겠습니다.

기후변화행동연구소 소장 최동진

과거 200여 년간의 화석연료와 비료의 사용을 인류세^{Anthropocene}라고 합니다. 이는 이산화탄소, 질산염, 암모늄 등을 배출하여 지구 생태계의 '생태계 물질순환$^{material\ cycles}$'에 변화를 초래하고 있습니다. 탄소, 질소 등 생태계 물질순환 교란으로 생태계 다양성 감소, 오염의 악순환, 지구온난화 등이 돌이킬 수 없는 수준으로 심각해져 인류에게 환경 및 기후위기를 일으켰습니다.

현재의 환경 및 기후위기에 대응하기 위해서는 교란되고 끊어진 생태계 물질순환의 고리를 회복해야 합니다. 그러나 대부분의 환경 및 기후위기 대응은 생태계 물질순환 기초과학에 기반을 두지 않고, 사회·정치적 필요에 따라 마련되는 경향이 있습니다.

책의 저자인 박훈 박사는 고려대학교 부설 오정리질리언스연구원$^{OJEong\ Resilience\ Institute:\ OJERI@KU}$의 한국연구재단 지정 '환경 및 기후위기 대응을 위한 생태계물질순환 기초과학 중점연구소'의 연구교수로 재직 중입니다. 박훈 연구교수는 현재 생태계물질순환에 대한 기초과학 성과가 환경 및 기후위기 대응으로 이어지는 다양한 경로^{pathways}를 연구하고 있습니다.

박훈 연구교수는 책을 통해 환경 및 기후위기 대응에 있어 근본에 충실하지 못한 우리의 현실을 다양한 사례를 들어 꼬집고 있습니다. 그리고 환경 및 기후위기에 직면해 있으면서도 우리가 잘 인식하지 못하는 현재의 잘못된 기후대응정책 및 경로들을 내밀고 있습니다. 기후위기에 대응하기 위해서 '우리가 얼마나 모르고 있는지를 알아야 한다'는 것을 깨우쳐 줍니다. 책의 후반부에서는 '우리가 취할 수 있는 구체적인 경로'를 에너지 사용과 일상적 행동 측면에서 제시합니다.

환경 및 기후변화에 대응하기 위한 과학적 방법을 찾아내는 것은 매우 힘들고 시간이 오래 걸립니다. 그리고 그 과학적 방법을 사회적 이행으로 연계하는 일 또한 쉽지 않습니다. 따라서 매 순간 이룬 과학적 성과가 더 늦기 전에 사회에 전달되어 우리의 기후위기 대응경로에 도움을 줄 수 있도록 해야 합니다. 즉 '과학의 사회화'입니다. 이러한 측면에서 <기후위기, 미래를 만드는 방법>은 OJERI의 과학적 연구성과를 사회로 이어가는 첫걸음인 셈입니다. 우리가 취하고 있는 현재의 기후위기 대응경로가 올바른지를 과학과 사회의 연계측면에서 점검하는 가늠자 역할을 할 것입니다.

고려대학교 오정리질리언스연구원장 이우균

1부
기후위기
보이지 않는 위기에 직면한 우리들

우리가 기후변화에 둔감한 이유

#인지편향효과 #인간의 본성

지구는 현재 산업화이전보다 약 1.1°C 더 뜨거워졌다.[1] 과학자들은 인류가 지금처럼 온실가스를 많이 배출하면 2030~2052년 사이에 전 지구 평균 표면 온도가 산업화 이전[1850~1900년 기후]과 비교해서 1.5°C 상승할 것으로 예측한다.[2] 산업화 이후 1.0°C 상승하는 데까지 150~200년이 걸렸는데, 0.5°C가 오르는 데 짧으면 10년 미만, 길어도 30년 정도밖에 걸리지 않는다. 또 현재의 온난화 추이가 계속되면 1.5°C 상승은 21세기 말이 아니라 2050년 이전에 현실화할 가능성이 커진다. 그러나 여전히 지구온난화의 실체를 인정하지 않거나, 위험성을 외면하는 사람이 많다.

IPCC[a] Intergovernmental Panel on Climate Change 는 1992년부터 지금까지 여섯 번의 정기 보고서와 〈지구온난화 1.5°C〉, 〈기후변화와 토지〉, 〈해

---

a **기후 변화에 관한 정부간 패널(IPCC)**: 기후변화와 관련된 전 지구적인 기후문제를 평가하고 구체적인 대책을 마련하는 UN산하 국제 협의체

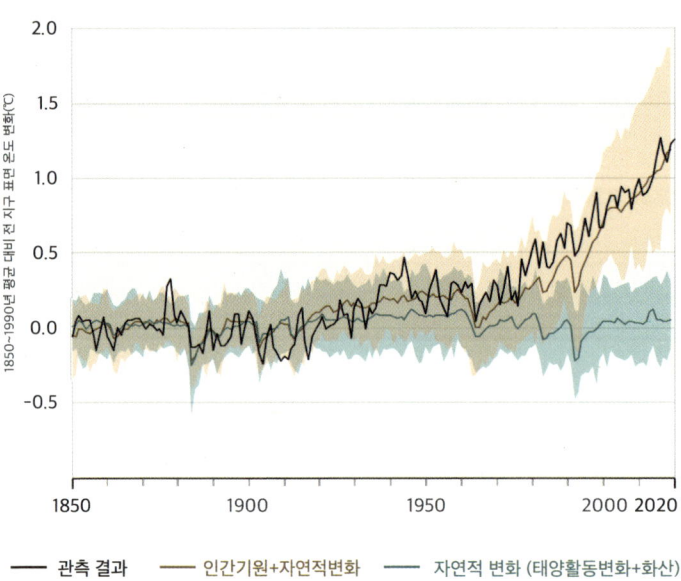

인간활동의 영향과 자연적 변화
출처: IPCC(2021)

양 및 빙권〉등의 특별보고서를 발표했다. 전 세계 과학자의 오랜 연구 끝에 지구온난화가 인류의 자연 파괴, 이산화탄소 배출 등으로 발생했으며, 인간의 활동이 일으킨 비자연적인 현상임을 증명했다.

그런데도 기후변화 과학에 동의하지 않는 사람들이 있다. 그들은 과학자들이 추천하는 기후변화대응 방안에 관심을 가지지 않는다. 왜 그럴까? 기후변화 과학에 동의하지 못하는 데는 이해관계, 불평등, 사회구조 등이 영향을 미친다. 그중 심리학에서 말하는 '인지 편향의 효과'를 활용하여 심리적인 이유를 설명하고자 한다.[3]

많이 알고 있다는 착각, 편향 효과

첫 번째, 더닝-크루거 효과 Dunning-Kruger effect다. 어떤 사안에 이해가 부족한 사람은 지식이 부족한 것을 제대로 인식하지 못하고 오히려 보통 사람보다 더 많이 안다고 착각하는 사고방식이다. 지식의 깊이가 낮아서 기후변화가 자연적인 주기에 따른 현상이라는 비과학적인 설명에 현혹될 수 있다.[4]

두 번째, 확증 편향 confirmation bias이다. 기후변화 과학을 부정하는 사람은 자신의 믿음이나 기존 지식에 맞는 정보에만 귀를 기울여, 잘못된 지식이 점점 더 굳어진다. 이미 주어진 정보를 더 중요하게 여긴 나머지 지금까지 겪어온 기후나 날씨가 앞으로도 비슷하게 유지되리라 생각하고 기존 인식을 뒤집는 최신 연구를 쉽게 믿지 못한다.[5]

확증 편향이 바로잡힌 유명한 사례 중 하나가 천동설이다. 천동설 天動說, geocentrism은 지구가 우주의 중심이고 우주天가 지구를 중심으로 움직인다動는 주장이다. 중세까지 천동설이 지배적이었으나, 코페르니쿠스와 갈릴레이의 관측으로 지동설 地動說, heliocentrism이 공식적으로 세계에 공표되었다.

천동설 외에도 자연과학과 철학, 사회과학이 발전하면서 인식이 바뀌는 경우가 많다. 평등사상이 퍼지면서 서구의 노예제나 조선 시대의 신분제를 지지하는 사람이 사라졌다. 아리안족의 우수성을 강조했던 나치주의는 지금까지도 인류의 공분을 사고 있다. 남녀의 차이를 우열로 나누어 차별하는 태도도 많은 나라에서 설 자리를 잃어가고 있다.

여전히 지구온난화를 체감하지 못하고, 받아들이지 못하는 사람이 많다. 북극의 빙하가 빠르게 녹아 북극곰의 생활 터전이 사라진다고 하지만, '작년 겨울보다 올해의 특정 기간이 이상하게 더 춥더라'는 이야기가 더 와 닿는다.

전문가들은 2100년의 전 지구 평균 표면 온도가 산업화 이전보다 2°C, 혹은 1.5°C 넘게 상승하면 큰 재앙이 닥친다고 말한다. 그러나 '내가 그때까지 살아있겠나?' 하는 생각이 앞서는 것도 사실이다.

인지 편향을 넘어서서 무엇이 문제인지 고민하기는 쉽지 않다. 경험하지 않은 일에 쉽게 동의할 수 없고, 겪지 않은 일이므로 적극적으로 대응하기 어렵다. 그러나 기후변화는 지금 위기 상황을 맞이했고, 위기를 타개하기 위해 우리는 뭔가 해야 한다. 가만히 있다가는 나의 후손이나 섬나라 사람들, 바닷가 저지대 주민들부터 기후재난에 시달리게 될 것이다. 자연화재에 야생 동식물을 희생시키는 것은 인간과 자연을 공동 몰락으로 빠뜨리는 일이다.

인지 편향의 한계에서 벗어나기

인간과 자연을 공동 몰락으로 빠뜨리는 인지 편향의 한계를 벗어나려면 어떻게 해야 할까? 두 가지 시도를 제안한다.

첫 번째, 인간 중심 가치체계의 한계를 넘어서야 한다. 인지 한계에 갇히면 인간 중심주의적 사고^{anthropocentric thinking}에 빠지기 쉽다. 그 결과 인간이 지구에서 가장 우월한 생물이고, 인간의 이익을 위해 동식물과 토지, 바다를 이용하는 것이 당연하다고 생각한다. 일부 국가에서는 특정 정치 세력과 결탁한 특정 종교가 인간 중심주의적 사고를 조장한다고 한다.[6] 제도권에 안착한 주요 종교가 인간이 지구의 지배자라는 인식을 가진다는 연구 결과가 있다. 그러므로 종교가 인간 중심주의적 사고를 이기기에는 어려움이 많다.

그러나 일부 토착 종교는 자연과 조화된 삶을 추구하며, 교도들도 그런 삶을 실천한다.[7] 토착 종교를 따르는 원주민들은 자연을 '어머니 지구^{Pacha Mama, Mother Earth}'[8]로 부르며, 자연과 조화를 이루어 사는 것[9]을 바람직한 삶으로 여긴다.[10]

주요 종교도 과거에는 자연과 조화된 삶을 추구했다. 이탈리아의 성인 프란치스코^{San Francesco d'Assisi}는 자연을 '우리의 자매, 어머니 지구^{sora nostra matre Terra}'라고 불렀다. 자연에 인격을 부여하고 가족으로 대했다는 점에서, 오늘날 자연과 조화로운 삶을 추구하는 토착 종교와 태도가 비슷하다.

두 번째, '진보를 위해 이기적인 생산으로 소비해서 경제를 성장시킨다'라는 자본주의적 사고에서 벗어나야 한다. 환경운동가 나오미 클라인^{Naomi Klein}은 이익을 추구하는 인간의 습성은 본능에서 비롯됐다고 주장하면서, 본성을 거스르는 기후정책은 거센 저항을 불러일으켜 시행하기 어렵다고 말한다. 경제학에서 합리적 사고 중심의 자본주의 사회는 기후변화대응에 소극적이라는 주장과도 통한다.[11]

> 집단행동을 비방하고 완전한 시장의 자유를 숭배하는 '자본주의'와
> 집단행동으로 시장의 힘을 통제하는 '기후위기 대응'은 절대 양립할 수 없다[12]
>
> *- 나오미 클라인*

그러나 인간의 본성은 원래 자본주의가 요구하는 심성과 다르다. 인간은 이기적인 존재가 아니라는 사실을 잊지 말아야 한다. 인류 조상은 본능적으로 종족 전체의 생존을 위해 개인의 이익과 손해를 따지지 않고 상처 입은 동료를 장기간 도왔다.[13] 사람들은 여전히 소외되거나 병약한 이웃, 이역만리의 생면부지 외국인을 돕는다. 이타적으로 행동하고 약한 구성원을 돌보던[14] 인간의 본성과 태도가 12만 년이 흐른 지금까지 우리에게 남아 있다.

'기후변화대응'도 경제적 풍요로움이나 생활의 편리함을 일정 수준에서 만족하고 함께 힘과 뜻을 모으면 이룰 수 있다. UNFCCC[b] United Nations Framework Convention on Climate Change 사무총장 크리스티아나 피게레스Christiana Figueres는 저서에서 낙관적인 태도로 능동적 진보를 이룰 수 있다고 설파한다. 그녀는 우리 자신을 어떤 존재로 이해하느냐에 따라 기후변화대응의 선택지가 달라질 것이며, 그 선택이 우리의 미래를 결정할 것이라고 단언한다.[15]

피게레스의 주장을 '우리가 선조의 이타적인 본성을 살린다면 자본주의가 요구해 왔던 심성을 이기고 기후위기를 극복할 수 있다'고 이해해도 억측은 아닐 것이다.

수천 년 동안 쌓아온 가치체계를 바꿔 기후변화대응을 위한 집단행동으로 연결하는 것은 어렵다. 특히 주요 종교의 사고방식을 넘어서거나, 우리에게 남아 있는 이타적인 본성을 불러일으키는

---

b **유엔기후변화협약(UNFCCC)**: 지구온난화를 규제하고 방지하기 위해 만들어진 국제협약

것은 노력이 많이 필요하다. 그러나 현재도 그런 종교의 사고방식과 반대되는 가치체계가 유지되는 공동체들이 있고, 역사적으로 주요 종교도 자연과 어울려 살고자 했던 기록이 남아 있다. 자본주의 사회가 강요해 왔던 이기적인 인간의 심성도 제도나 정책으로 바꿀 수 있다. 인류의 생존을 위협하는 지구온난화, 기후위기에 맞서기 위해서 긍정적인 사례들을 전 세계가 연구해야 하며, 다 함께 실현 가능한 기후변화대응 방법들을 시행해야 한다.

한반도가 침수된다

#초강력태풍 #해안지대 침수

　태풍은 한국과 북태평양에서 발생하는 열대저기압이다. 대서양에서 발생하는 열대저기압은 허리케인, 인도양과 남태평양에서 발생하는 것은 사이클론이다.

　2019년 태풍 레끼마는 중국에 상륙해서 역사상 가장 큰 피해를 일으켰다. 중국은 사망 49명, 실종 21명으로 인명피해만 70명이었고, 전체 이재민 규모가 한국 인구의 1/4에 해당하는 1천 3백만 명에 달했다.

　2019년 태풍 하기비스는 일본 수도권에 60년 만에 가장 많은 비를 몰고 왔다. 2019년 9월 초에 발생한 허리케인 도리안은 바하마를 초토화했다. 열대저기압 최강인 5등급인 상태로 바하마에 상륙해서, 강풍과 해일로 40명이 넘게 숨지고 재산피해가 8조 원이 넘었다. 이 피해액은 바하마의 1년 국내총생산 절반을 넘는다. 한국에 최악의 재산피해를 끼쳤다는 2002년 태풍 루사의 피해액이 당시 추산으로 약 5조 원이었으니, 인구 50만 명이 안 되는 바하마가 얼마나 충격을 받았을지 짐작이 된다.

허리케인이나 태풍의 위력은 엄청나다. 평균 강도 허리케인이 지닌 에너지는 냉전 시대 미국과 소련의 모든 핵무기를 합한 에너지에 필적하고, 히로시마에 투하됐던 원자폭탄을 1백만 개 터뜨릴 때 방출되는 에너지와 같다. 미국 스미스소니언 연구소의 발표자료에 따르면 도리안과 같은 대형 허리케인은 2011년 동일본 대지진 때 방출된 에너지보다 100배 많은 에너지를 품고 있다.[16]

허리케인 도리안이 지나간 바하마[17]

강력한 태풍, 한국에 경고한다

2019년 9월 초, 태풍 링링이 순간최대풍속 기준 '역대 4위'에 해당하는 강풍으로 한국에 큰 피해를 남겼다. 남한에서 3명이 숨졌고, 강풍으로 약 145㎢, 서울시 면적 1/4의 농작물이 피해를 보았다. 북한은 피해가 더 컸다. 5명의 사망자가 발생했고, 남한의 세

종시나 광주광역시 전체 면적에 가까운 땅이 침수 또는 매몰되었다. 태풍이 접근할 때마다 그 경로나 등급과 관계없이 제주도와 남부지방이 철저하게 대비해도 폭우와 강풍, 높은 파도 때문에 피해가 생겼다.

열대저기압은 기후변화와 관련이 크다. 미국 국립해양대기청은 최근 열대저기압의 강도가 점차 증가하고 있으며, 최대 강도가 고위도에서 발생한다고 발표했다. 예전에는 동남아시아 등의 열대 지방에서 최대풍속을 기록하던 강력한 태풍이 최근에는 일본이나 중국에서 최댓값을 보인다. 미국도 열대 카리브해를 넘어서 뉴욕과 같은 중위도 지역에서조차 강력한 허리케인이 발생한다. 연구진은 열대저기압 변화가 앞으로 더 심해질 수 있다고 예측하는데, 특히 한국이 주의해야 할 변화들이 몇 가지 있다.[18]

첫째, 열대저기압 발생지점의 수증기 증가로 강우량이 증가한다.

둘째, 평균 최대풍속이 더 빨라져서 강도가 세진다. 전체 열대저기압의 수는 감소할 수도 있지만, '슈퍼태풍', '중대 허리케인'이라는 별명이 붙는 4~5등급 열대저기압이 더 많이 발생한다.

셋째, 열대저기압의 최대풍속이 발생해서 위험도와 인명피해가 가장 커지는 지역이 점점 더 고위도로 이동한다.

넷째, 해수면 상승과 온난화가 일어난 상태에서 태풍이 발생하면 '연안 홍수'가 심해진다. 즉, 해안선에 가까운 육지가 바닷물에 잠기는 일이 잦아진다는 말이다. 이 예측은 삼면이 바다인 우리나라에 큰 영향을 미칠 것이다.

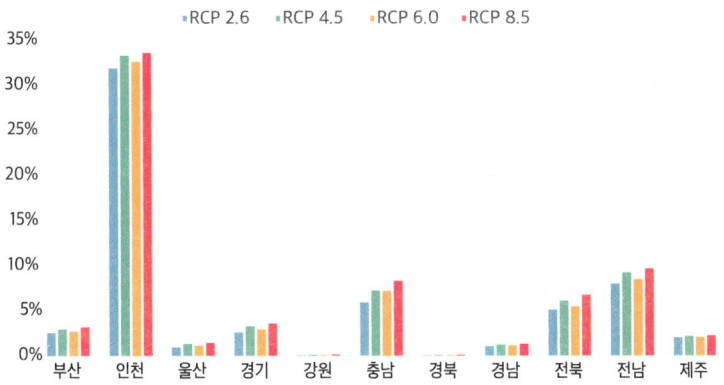

기후변화 시나리오별 해수면 상승과 태풍에 의한 범람 가능 면적 비율

출처: 조광우 외. (2015)

해수면 상승으로 인한 해안 침식

이제 우리는 해수면 상승으로 인한 침수와 해안 침식을 걱정해야 한다. 기상청은 앞으로 바다를 접하고 있는 지자체들이 상당한 범람 피해를 볼 것으로 예측했다. 온실가스 배출량이 대폭 감소한다고 해도 강한 태풍이 일으키는 해일과 만조가 겹치면 2030년까지 남한의 1.5%가 해수 범람 피해를 볼 것이라고 한다. 특히 저지대가 많은 인천광역시는 전체 면적의 27%가 일시적으로라도 바닷물에 잠길 위험에 처할 수 있다고 경고한다.[19]

2012년 허리케인 샌디로 인해 뉴욕 맨해튼의 지하철과 빌딩들이 침수되었다. 2016년 태풍 차바가 일으킨 파도로 부산 마린시티의 고층아파트가 물에 잠겼다. 2018년 태풍 제비로 일본 간사이 공항에 바닷물이 들어와 활주로를 며칠 동안 못 쓰게 되었다. 그 재해가, 기후변화와 태풍이 더 자주 연안에 불러올 미래 모습의 일부다.

침수된 일본 간사이 공항 [20]

슈퍼태풍이 한국에 상륙하고, 해수면 상승이 겹치는 것에 대비하는 방법이 있을까? 근본적 해결책은 온실가스 배출량 감축을 통한 기후변화 완화다. 전 지구 평균 표면 온도가 상승하면서 북극해와 그린란드, 남극의 얼음이 녹고, 히말라야와 안데스, 알프스산맥의 빙하가 사라지고 있다.

2019년 IPCC에서 발표한 〈해양 및 빙권 특별보고서〉는 남극의 녹은 얼음이 바다로 흘러들어, 21세기 말까지 해수면을 1.1m까지 추가로 끌어올릴 수 있다고 한다.[21] 해수면 상승으로 전 세계 연안 주민 2억 8천만 명이 이주할 것을 예측한다면 '연안 홍수'로 바닷가 저지대에서 침수와 침식이 심해지는 일은 우리 예상보다 빨리 한국에서 발생할 위험이 크다는 것을 짐작하게 한다.

더워지는 한반도, 늘어나는 폭염

#제트기류 #1년 간 폭염일수 40일

1994년은 전국 평균 폭염 발생이 31.1일로 역사상 가장 많았다. 그 기록을 2018년에 31.5일로 갱신했으며, 이때 온열 질환 사망자가 가장 많았다.

2018년에는 실외 발생 사망자가 2016년보다 두 배 증가했는데, 논·밭에서 일하는 사람들이 가장 큰 피해를 보았다. 특히 실내에서도 평소보다 몇 배 더 많은 희생자가 나왔다.[22] 이는 치명적인 온열 질환의 희생자는 실내·외 할 것 없이 발생한다는 것을 보여주었다.

'폭염'의 원인은 기후변화로 인해 '제트기류jet stream'의 흐름이 불안정해지는 것과 연관이 있다. 제트기류는 서쪽에서 동쪽으로 부는 강한 바람의 흐름으로 지구의 대기를 원활하게 섞는 역할을 한다. 그런데 최근 들어 극지방의 기온 상승 폭이 커지면서 고위도와 저위도 간 온도 차가 작아짐에 따라 제트기류의 흐름이 늦춰졌다. 구불구불해진 제트기류로 북쪽과 남쪽의 기압대가 빠르게 이동하지 않고 한 지역에 머무르면서 폭염 같은 극단적인 기상 현상이 나타난다.

더워지는 한반도와 늘어나는 폭염일수

지구온난화가 심화되면 한국도 극심하게 무더운 날씨가 며칠 연속으로 발생할 수 있다. 기상청은 일 최고기온이 33°C 이상인 상태가 2일 이상 지속 되면 폭염 주의보를, 35°C 이상인 상태가 2일 이상 지속 되면 폭염 경보를 발령한다.[23]

전문가들은 앞으로 한국의 폭염일수가 늘어날 것으로 전망한다. 시도별 연평균 기온 전망을 보면 연평균 기온이 21세기 중반기까지 지금보다 약 2~2.5°C, 후반기까지 최대 4.4°C 상승한다. '하루에도 아침저녁으로 10~20°C 넘게 출렁이기도 하는데 2~4°C가 뭐 그리 대수인가' 생각할 수 있다. 그러나 연평균 기온이 2~4°C만 올라가도 폭염일수는 연간 1.5~4배 이상 증가할 수 있다.

특히 온난화가 심화할 것으로 예상하는 일부 시도의 변화는 충격적이다. 지금까지 폭염이 심하지 않았던 인천광역시나 강원도, 제주도는 21세기 중반기만 되어도 지금보다 폭염일수가 4~7배로 증가한다. 열섬 현상heat island까지 더해지는 서울, 대구, 광주 등의 대도시는 앞으로 한 세대 안에 폭염이 1년에 40일 넘게 발생할 수 있다.[24]

이웃의 생존을 위협하는 폭염

폭염이 위험한 이유는 온열 질환 때문이다. 대표적으로 열사병

RCP8.5 시나리오에 따른 시도별 연평균기온 전망

출처: 최영은 등(2018)

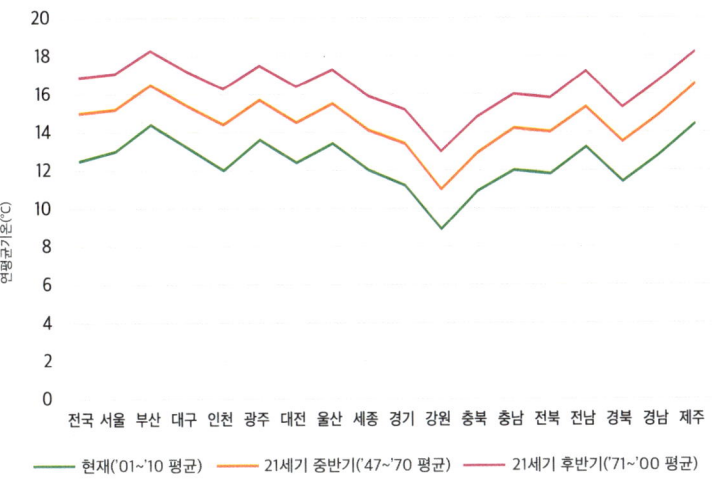

RCP8.5 시나리오에 따른 시도별 연간 폭염일수 전망

출처: 최영은 등(2018)

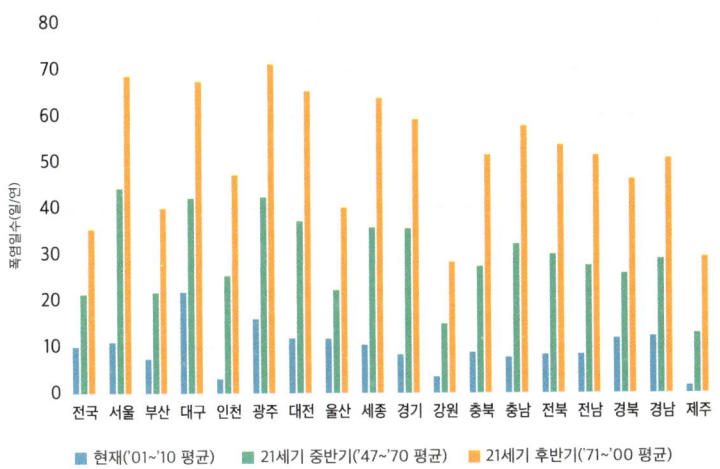

heat stroke과 일사병이 있다. 열사병은 땀이 제대로 안 나 열을 발산하지 못함에 따라 체온이 40°C를 넘으면서 의식장애나 혼수상태를 유발한다. 즉시 119에 신고하거나, 환자의 몸을 식히지 않으면 목숨이 위태로울 수도 있다. 일사병으로도 불리는 열탈진 heat exhaustion은 체온이 40°C 이하이지만 몸에서 힘이 빠지고 창백해지며 근육경련 등이 일어난다.[25]

열사병이나 일사병과 관련해서 언급되는 체온이 40°C 내외이다 보니 방심할 수 있는데, 온열 질환을 일으키는 기온은 생각보다 훨씬 낮다. 야외에서는 기온이 30°C만 넘어도 열사병에 걸릴 수 있다.[26] 폭염의 건강 피해는 신체에만 한정되지 않고, 정신건강에도 영향을 미친다. 최근의 국내 연구에 따르면 응급실에 입원했던 정신질환의 14.6%가 극단적으로 높은 기온 때문에 발생했다고 한다.[27]

폭염이 증가한다 해도 한국을 비롯해 냉방시설이 잘 갖춰진 국가에서는 크게 걱정하지 않아도 되는 자연재해라고 생각하기 쉽다. 하지만 인프라가 훌륭하고 의료서비스가 발달한 나라에서도 폭염에 취약한 사람들이 많다. 노숙인·쪽방 주민·독거노인 등의 1인 가구, 어린이, 고령 노인, 건설업, 농업, 금속제련업 종사자, 군인 같은 야외 및 고온 노동자 등은 온열 질환에 쉽게 시달릴 수 있는 사람들이다.[28]

폭염 대비는 경제적인 여건이 차이를 빚는다. 국내 소득계층별 주택 유형을 살펴보면 소득수준이 높을수록 아파트를 선호하고 소득이 적을수록 단독주택에 거주하는 경향이 있다.

소득계층별 주택유형, 2019년

출처: 국토연구원(2020)

주택 유형	전체	저소득층	중소득층	고소득층
단독주택	32.1	50.4	25.0	13.1
아파트	50.1	29.1	56.2	76.6
연립주택	2.2	2.3	2.4	1.4
다세대주택	9.4	8.9	11.2	6.2
비거주용 건물 내 주택	1.6	2.2	1.4	1.0
주택 이외의 거처	4.6	7.1	3.8	1.6

단위: %

2017년 건물 용도별 단위면적당 에너지 소비현황

출처: 에너지전환포럼(2018)

용도	연면적(1000m²)	총에너지 소비량(MWh)	에너지사용밀도(kWh/m²)
단독주택	501,740	62,322,918	124
공동주택	1,320,402	37,672,506	29
근린생활시설	457,743	87,227,351	191
업무시설	147,794	21,509,811	146
교육연구시설	186,152	16,042,337	86

국내 단독주택은 단위면적당 약 122kWh/㎡를 소비하는데, 27kWh/㎡를 쓰는 아파트보다 4배 넘게 에너지를 쓴다. 냉난방의 구분이 없는 분석자료이긴 하지만, 상대적으로 단독주택의 에너지효율이 아파트보다 나쁘다. 이는 단독주택에 사는 저소득층이 실내 온도 상승을 막기 위해 단위면적당 더 많은 에너지가 필요하

다는 것을 의미한다.

거주조건 외에 냉장고, 에어컨, 선풍기 등 가전기기의 보급률도 소득수준에 따라 차이가 있다. 특히 에어컨은 저소득가구일수록 보유 대수가 적어 선풍기로만 폭염에 대비하는 경우가 많다. 서울특별시 저소득층의 가구당 에어컨 보급률은 0.18대다.[29] 다섯 가구 중 네 가구는 폭염이 발생해도 실내 온도를 낮추지 못해 건강이 위험에 처할 수 있다는 의미다.

건강하고 소득이 안정적이며 거주·노동 환경이 좋은 사람도 여름에는 늘 폭염에 대비해야 한다. 50~64세 이상은 24.1°C만 되어도 온열 질환이 급증하며, 65세 이상은 기온이 높을수록 건강이 위협받는다. 건설업 노동자는 28.6°C부터 열사병, 일사병에 걸리기 쉬워 주의가 필요하다.

따뜻한 온기를
느끼지 못하는 이웃

#연료빈곤

　12월이 다가오고 찬 바람이 불면 전국이 겨울준비에 바쁘다. 단열 강화로 유리에 에어캡을 붙이고, 벽에 단열폼을 붙인다. 난방에 필요한 에너지사용을 최소화하여 난방비를 줄이기 위해서다. 그러나 이마저도 힘든 사람들이 있다. 연료나 에너지의 절대적 소비량이 일정치에 미치지 못하는 '연료 빈곤 fuel poverty'에 놓인 이웃들이다.

　연료 빈곤은 소득분위 별 연료비 항목을 통해 알 수 있다. 우리나라는 월 소득수준에 따라 수입과 지출의 통곗값을 10등급으로 나누며 이것을 '소득분위'라고 한다. 1분위가 소득수준이 가장 낮으며 10분위로 올라갈수록 높아진다. '연료비'에는 일반 가구에서 조명·냉난방 및 취사 등 일상가사를 영위하기 위해 지출하는 비용과 전기료·도시가스·LPG·등유·경유 등을 포함한다.

　주거용 연료비를 살펴보면, 평균적으로 4분기 중 가장 추운 1분기에 월 소득의 4.4%를 주거용 연료비로 썼다. 소득이 가장 적은 1분위 가구는 월 소득의 17.7%를 연료 구입에 사용했다. 반면 소득

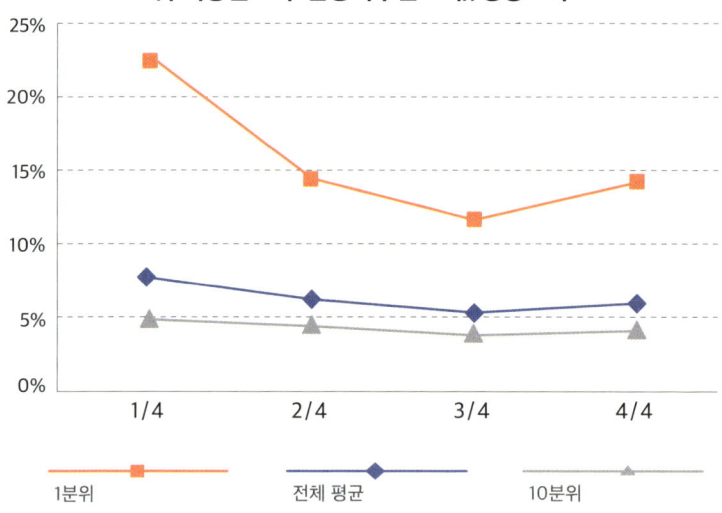

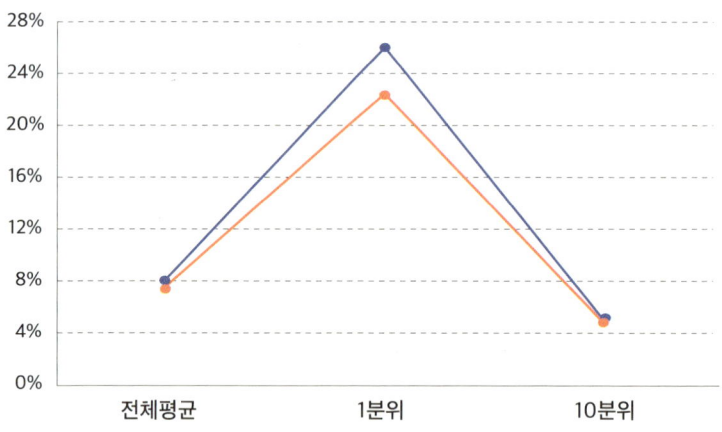

'05, '11, '12 1분기가 가장 추웠던 해의 1분기 평균기온: 2005년(1.0℃), 2011년(0.6℃), 2012년(1.3℃)
'07, '09, '14 1분기가 가장 따뜻한 해의 1분기 평균기온: 2007년(3.9℃), 2009년(3.4℃), 2014년(3.6℃)

상위 10%에 해당하는 10분위 가구는 2.3%만 연료비에 사용했다. 운송기구연료비까지 더한 전체 연료비의 비중 역시 1분위가 가장 높았다. 평균 가구나 10분위 가구보다 소득대비 약 3~5배 연료비 사용 비율이 높아 최저 소득층의 연료비 부담이 훨씬 크다.

이러한 빈곤은 기온의 변화와 경제 상황의 변화에도 영향을 받는다. 10분위는 가장 추울 때나, 가장 덜 추울 때나 주거용 연료비 부담이 크게 변하지 않았다. 그러나 저소득층인 1분위는 가계에 큰 부담이 되었다. 가장 추웠던 1분기[2005년, 2011년, 2012년]에 1분위 가구의 주거용 연료비가 경상소득의 20.4%를 차지했다. 운송기구연료비까지 포함하면 저소득층의 연료비 부담은 더 늘어난다.

경제 사정이 어려울수록 주거용 연료비 부담이 크다. 국제금융위기가 영향을 미치기 전 2006~2008년은 1분위 가구가 소득의 16.7%를 주거용 연료비에 썼는데, 경제위기 이후인 2009~2011년에는 그 비중이 20.8%로 증가했다. 이에 비해 10분위 가구의 소득 중 주거용 연료비 비중은 크게 변하지 않았다. 운송기구연료비까지 더한 전체 연료비의 경상소득 비중은 당연히 저소득층에 더 큰 부담이 되었다. 1분위 가구의 전체 연료비는 경제위기 이전에도 월 소득의 22.7%를 차지했지만, 경제위기 이후에는 25.9%로 더 증가했다. 10분위 가구는 전체 연료비 비중이 경제위기 이전보다 이후에 오히려 감소했다.

겨울의 추위와 경제위기는 저소득가구의 연료비 부담을 증가시킨다. 에너지 빈곤 완화를 위한 정책이나 사회 구성원의 자발적 행동 변화에 대한 고민이 필요하다.

경제 사정에 따른 에너지 빈곤
주거용연료비+운송기구연료비

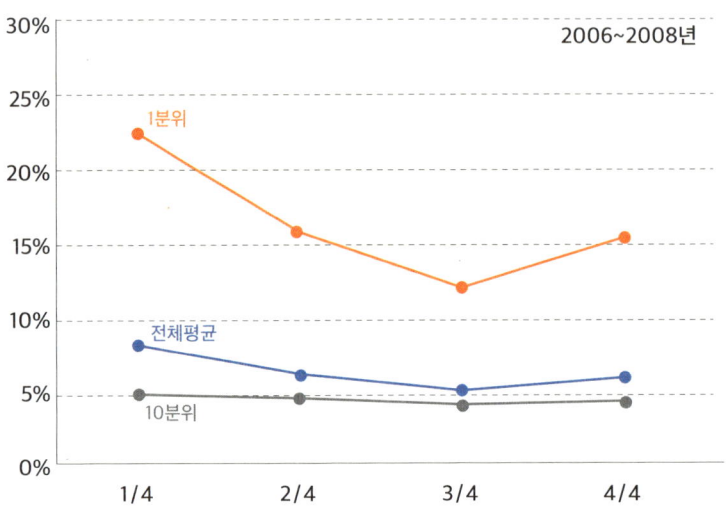

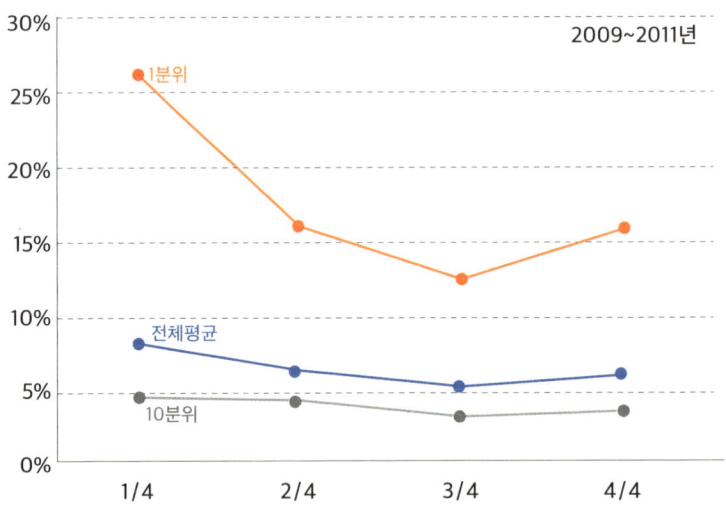

대기오염이 줄어도 미세먼지는 심해진다

#미세먼지 #대기정체

미세먼지는 오존과 함께 대기오염물질 중 가장 관심을 많이 받고 있다. 입자가 작은 만큼 표면적이 상대적으로 넓어서 인체에 해로운 물질을 더 잘 흡착하고 우리 몸속 더 깊은 곳으로 침투하여 건강에 미치는 악영향이 더 크기 때문이다.

미세먼지를 알기 전에 먼지를 알아야 한다. 먼지란 공기 중에 입자상 물질이 부유$^{浮遊, floating}$하는 상태를 가리킨다. 학술적으로는 에어로졸^{aerosol}이라고 부른다. 작업장에서 생기는 먼지는 분진이라고 하고, 공사장에서 흩날리는 먼지는 비산먼지라고 부른다. 여기서 미세먼지는 그 중 입자 지름이 10㎛ 이하인 작은 먼지를 일컫는다. 입자 지름이 2.5㎛ 이하인 더 작은 먼지는 초미세먼지$^{PM2.5}$라고 부른다.

사상 최악의 대기오염 공해사건

1952년 12월 5일부터 9일 사이, 5일간 런던에서 발생한 스모그로 4천 명 이상이 사망하고, 스모그가 끝난 이후에도 8천 명 가까이 사망한 사건이 있다. 사상 최악의 대기오염 공해사건인 '런던 그레이트 스모그 London smog accident'다.

산업혁명으로 런던 시내는 매연과 같은 오염물질로 가득했다. 평소와 다른 부분이 있다면 평균 기온보다 추운 '기상이변'이 일어난 점이다. 런던의 연평균 기온은 약 10℃이며, 1월 평균 기온은 4.2℃이다. 그러나 스모그 발생 당시는 과거 80년간의 평균 기온보다 유달리 기온이 낮았다.

대규모의 고기압이 런던상공을 덮었다. 공기가 런던을 빠져나가지 못하고 정체되어 대기 중 오염물질이 그대로 고였다. 예년과 다른 추위에 런던 시민은 가정난방용 석탄을 많이 사용했고, 공장에서 나오는 매연과 합쳐져 더 많은 안개를 생성했다. 하늘의 빛도 가릴 정도의 짙은 스모그로 버스와 열차가 추돌하고, 물자수송에도 차질이 생겼다. 어린이와 노인층의 사망자 수도 늘었는데 원인의 대부분은 기관지염, 폐결핵 등과 같은 호흡기와 순환기 계통의 질병이었다.

이후 런던스모그 사건의 진상조사를 시작하고, 대책이 시행되었다. 10~15년 이내 인구과밀지역의 매연80% 감소를 위하여 국가, 지방자치단체, 공장, 가정에 비용부담을 요구하는 안건을 제출했다. 매연 단속 및 규제, 가장 난방용 석탄의 소비 감소, 공장과 발전소의 연료 소비를 석유로 대체하는 등 연료 소비패턴을 전환한 결과 영국 도시의 매연 농도는 1960년 85% 감소하였다.

스모그는 미세먼지라는 이름으로 진화하여 인류의 건강을 위협하고 있다. 중금속이 포함된 미세먼지는 우리 몸에 악영향을 미친다. 특히 한국은 중국발 미세먼지를 주목한다. 석탄 의존도가 높은 중국에서 배출되는 고농도 미세먼지는 편서풍을 타고 한국으로 유입된다. 베이징 시내를 뿌옇게 덮은 미세먼지 사진은 이미 유명하다.

과거에 경험한 적이 있음에도 경제발전이라는 이유로 대기오염이 반복되고 있다. 이를 해결하려는 방법도 비슷하다. 같은 실수를 반복하는 인류, 지금은 어떨까?

국내 고농도 미세먼지의 원인은 기후변화

전문가들은 국내 미세먼지 농도가 장기적으로는 나아질 것으로 전망한다. 국립환경과학원은 우리나라의 미세먼지 농도는 2020년대까지는 악화하지만, 꾸준한 환경정책으로 2050년대에는 하락한다고 발표했다.[30]

실제로 대기오염이 서서히 줄어들고 있다. OECD 통계에 따르면, 서울과 중국의 수도 베이징 역시 미세먼지 농도가 낮아졌다. 2019년 서울을 포함한 한국의 평균 초미세먼지 농도는 연평균 미세먼지 농도 $25\mu g/m^2$ 로 2000년대 초반보다 호전되었다. 이탈리아, 독일, 프랑스 등 선진국보다 높지만, 중국보다 낮다. 그런데 왜 미세먼지 문제가 심해지고 있다고 느끼는 것일까?

최근 국내·외 연구는 대기 정체가 고농도 미세먼지를 유발할 수 있다고 지적한다. 중국 연구진은 겨울철 유라시아 대륙 중심부에서 동쪽 바다 방향으로 부는 북서 계절풍의 약화가 한반도와 중

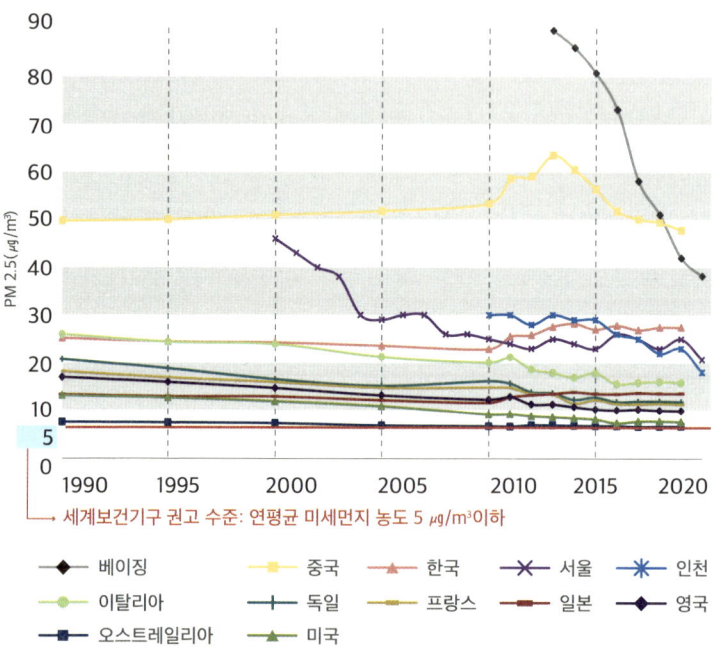

국 동부 지역에 고농도 스모그를 형성하는 현상을 확인했으며, 온실가스 배출량 증가가 그 원인이라고 결론지었다.[32] 국내 연구진도 한반도 상공에 머무는 고기압이 극지에서 오던 찬 공기의 유입을 차단해 풍속이 감소하고, 대기 정체로 인해 오염물질 수송량이 감소하는 사실을 발견했다.[33] 지구온난화가 빠르게 진행되어 하층 대기가 빨리 데워질수록 상층 기온과 온도 차가 커져 대기 정체가 심화한다.

풍속 감소에 따른 미세먼지 농도 상승은 최근 서울의 겨울철 미세먼지 농도 변화에서 확인할 수 있다. 2014년 겨울[2014.12.~2015.2.]부터 2018년 겨울까지[2018.12.~2019.2.], 대기 정체가 심해지면서 초미세먼지 농도도 상승했다. 서울시의 겨울철 풍속과 초미세먼지농도가 반비례하는 것은 높은 결정계수[$R^2 ≈ 0.76$]로도 확인할 수 있다. 만약 앞서 인용한 국내외 연구 결과가 현실화한다면, 서울시의 초미세먼지 농도가 기대만큼 더 좋아지지 않을 수 있다.

한국과 미국의 공동연구에 따르면, 서풍에 따른 공기덩어리의 이동속도가 2.9m/s[250km/일] 이상이면 중국에서 오는 대기오염물질의 영향이 더 크고, 이동속도가 2.9m/s 미만이면 국내 오염물질의 영향이 더 크다고 한다.[34] 2013년부터 2018년까지 서울의 겨울철 평균 풍속이 2.8m/s에서 1.7m/s까지 낮아졌다. 5년간의 변화이므로 단순히 기후변화에 따른 현상은 아니겠지만, 앞으로 온난화가 더 심해져서 풍속 저하가 빈발하면 중국의 영향보다는 국내 발생 미세먼지가 고농도 미세먼지에 끼치는 영향이 더 커질 수 있다.

그렇다면 국내 발생 미세먼지 감축 노력을 강화해야 한다. 우선 2015년 전국 미세먼지 배출량[35] 33만 6천 66톤[1차 배출+2차 생성]의 20.4%를 차지하는 '제1차 금속산업 연소[4만 8천 764톤, 14.5%]' 및 '제철 제강업 생산공정[1만 9천 881톤, 5.9%]'에서 발생하는 미세먼지를 줄여야 한다. 다음은 전체 미세먼지의 16.1%를 배출하는 경유 자동차 사용을 줄여야 한다. 화물차, SUV, 승용차 등 경유를 사용하는 도로 이동오염원은 10.6%, 선박을 제외한 건설장비, 농업기계 등의 비도로 이동오염원이 5.5%이다. 10.9%를 발생하는 석탄발전소[유연탄]

서울 겨울 풍속과 초미세먼지 농도 변화

출처: 기상자료개방포털(2019), 서울특별시 기후환경본부(2019)

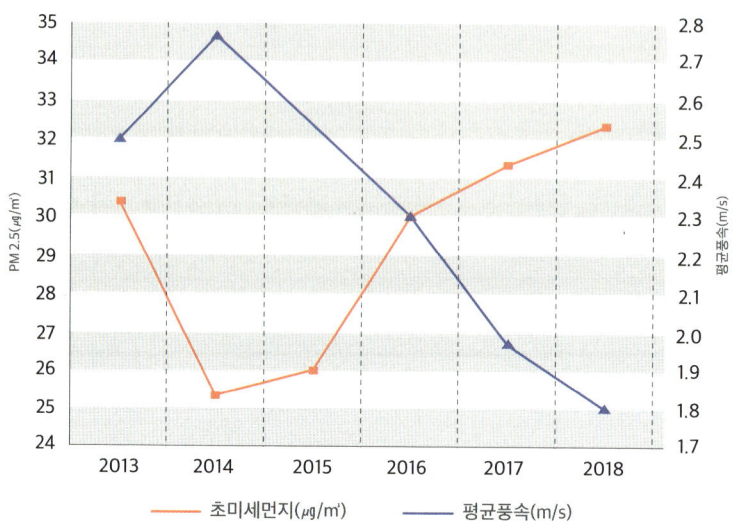

풍속과 초미세먼지 농도의 상관관계

출처: 기상자료개방포털(2019), 서울특별시 기후환경본부(2019)

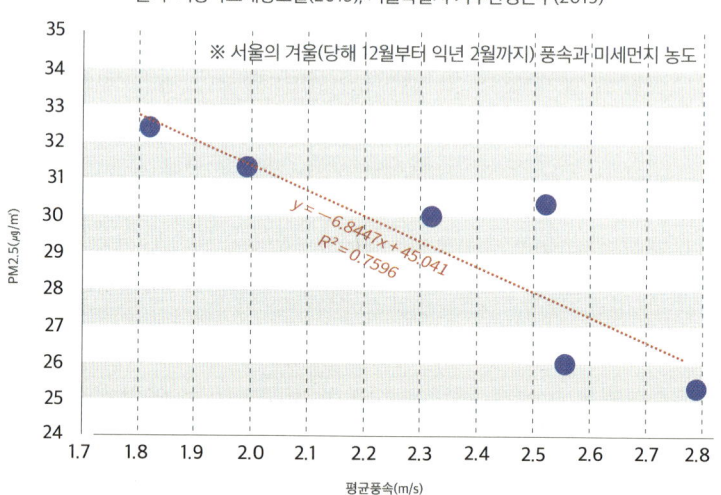

| 기후위기, 미래를 만드는 방법

3만 5천 526톤, 무연탄 1천 90톤를 되도록 빨리 퇴출해야 하며, 9.6%3만 2천 300톤를 발생하는 선박B-C유 선박 발생량 2만 4천 340톤 및 경유 선박 발생량 6천 383톤 포함 문제도 시급하게 개선해야 한다. 발생 원인을 적극적인 정책 시행과 국민 참여로 제거하면 그에 따른 현상도 차츰 나아질 것이다.

'배출원 중분류'에 따른 전국 주요 미세먼지 발생원

출처: 국립환경과학원(2018)

순위	배출원 대분류	배출원 중분류	전국 배출량 중 비율	미세먼지1차배출 +2차생성(톤)
1	제조업 연소	기타	18.40%	61,849
		제1차 금속산업	14.51%	48,764
		비금속광물제품 제조업	1.65%	5,531
		가구 및 기타제품 제조업	1.18%	3,950
2	에너지산업 연소	공공발전시설	11.00%	36,954
		유연탄	9.84%	33,085
3	비도로이동오염원	선박(B-C유 78%, 경유 21%)	9.61%	32,300
4	도로이동오염원	화물차(경유 99.7%)	6.79%	22,809
5	생산공정	석유제품산업	6.45%	21,690
6	생산공정	제철제강업	5.92%	19,881
7	비도로이동오염원	건설장비(경유)	4.72%	15,852
8	제조업 연소	공정로	4.52%	15,193
		시멘트 생산	2.85%	9,583
9	비산업 연소	주거용시설	2.92%	9,807
10	생물성 연소	농업잔재물 소각	2.84%	9,537
11	유기용제 사용	도장시설	2.46%	8,272
12	도로이동오염원	RV(경유 98%)	2.35%	7,881
13	비산업 연소	상업 및 공공기관 시설	2.04%	6,851
14	비산먼지	도로재비산먼지	1.98%	6,671
15	에너지산업 연소	석유정제시설	1.47%	4,928

순위	배출원 대분류	배출원 중분류	전국 배출량 중 비율	미세먼지1차배출+2차생성(톤)
16	에너지산업 연소	민간발전시설	1.29%	4,334
17	생산공정	기타 제조업 (유리·석회)	1.26%	4,238
18	유기용제 사용	기타 유기용제 사용	1.16%	3,891
19	비산먼지	건설공사	1.14%	3,822
20	도로이동오염원	승용차	1.00%	3,349
		휘발유	0.54%	1,812
		경유	0.39%	1,322
		LPG	0.06%	214
21	도로이동오염원	버스	0.95%	3,209
		경유	0.65%	2,172
		CNG	0.31%	1,038
22	폐기물처리	폐기물소각	0.94%	3,163
23	비도로이동오염원	농업기계(경유)	0.76%	2,568
24	제조업 연소	연소시설	0.62%	2,071
25	생산공정	유기화학제품 제조업	0.62%	2,068

※ 2015년 기준

참고: 2차 PM2.5 생성 전환계수(2017년 9월 26일 발표 「미세먼지 관리 종합대책」에 도입): 1) SOX 기인 = SOX 배출량 × 0.345; 2) NOX 기인 = NOX 배출량 × 0.079; 3) VOCs 기인 = VOCs 배출량 × 0.024.

지금 호흡기가
상처 입고 있다

#오존 #자동차

　미세먼지에 가려서 관심을 받지 못하지만, 최근 우리나라 대기 중 오존농도 상승 정도가 심상치 않다. 대기환경연보에 따르면, 오존농도는 1999년부터 2019년 사이에 42% 증가했다. 이에 따라 시간당 오존농도가 0.12ppm을 넘으면 발령하는 오존 주의보의 발령횟수도 증가하는 추세를 보인다.

　오존은 공장이나 자동차 등 대기로 배출된 오염물질이 햇빛을 받아 화학반응을 하는 2차 오염물질이다. 무색의 독성가스이기 때문에 눈에 보이지 않아 인체에 미치는 영향을 당장 확인하기 어렵다. 그러나 강한 독성으로 인하여 천식과 같은 호흡기질환을 일으킨다.

오존농도가 짙어지는 이유

　오존농도에 영향을 미치는 것은 무엇일까? 오존을 만드는 대표적인 물질은 질소산화물, 휘발성 유기화합물 등이다. 서울시 도시

대기 오존농도와 오존주의보

출처: 국립환경과학원(2021), 대기환경연보 및 대기환경월보. 환경부.

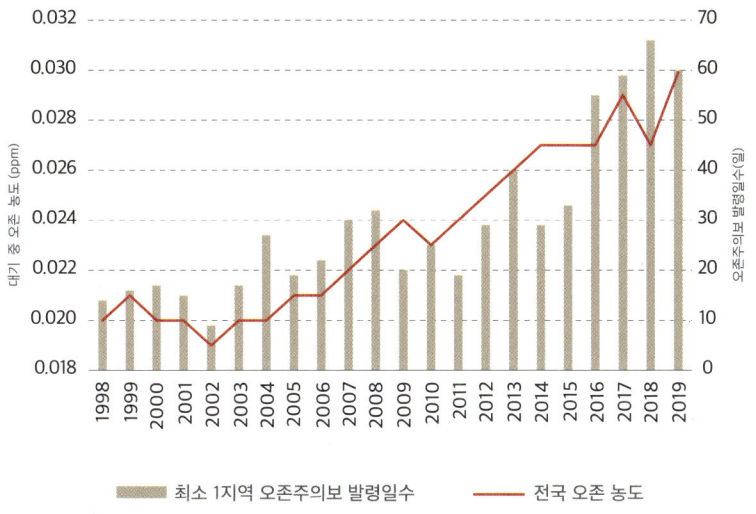

시간대 별 종로구 도로변 대기 중 농도

출처: 서울시 도시대기측정망 관측 자료(2019)

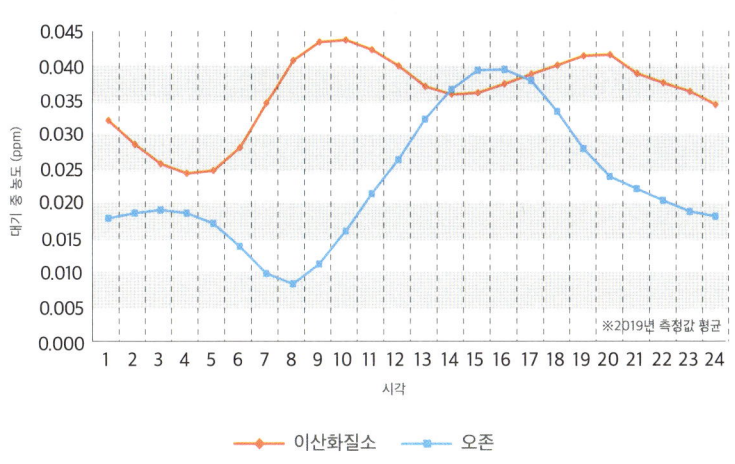

대기측정망 관측 자료를 통해 시간별 이산화질소의 농도와 오존 농도의 관계를 확인할 수 있다.

이산화질소 농도가 가장 높은 저녁 8시부터 새벽 4시의 오존농도보다 오후 4시의 오존농도가 훨씬 높은데, 태양이 오존 생성을 촉진한 것으로 분석한다. 특이한 것은 오전 5~9시와 15~20시 사이에 증가하는 이산화질소의 농도다. 출퇴근에 따른 차량 통행량의 영향으로 볼 수 있는데, 휘발유와 경유 차량의 배기가스에 질소산화물이 많이 포함되어 있기 때문이다.

특히 질소산화물은 휘발유보다 경유를 쓰는 차량에서 더 많이 배출된다. 최근 한 연구는 유럽 배기가스 규정을 만족하는 차량의 시내 주행 시 실제 배기가스를 측정했다. Euro 5 인증 차량 기준으로 경유 차량은 휘발유 차량보다 평균 8배, Euro 6c 인증 차량기준으로 평균 11배의 질소산화물을 배출했다.[36]

그렇다면 급격히 증가하고 있는 우리나라의 자동차 대수가 오존농도 상승과 관계가 있는 것은 아닐까? 휘발유 차량과 경유 차량의 전국 등록대수는 2000년부터 2019년 사이에 꾸준히 증가했다. 휘발유 차량은 2000년부터 2019년 사이에 52% 증가했고, 경유 차량은 연평균 5.93% 증가하여 지난 17년 동안 무려 177% 늘어났다.

---

c **Euro 6**: 유로 6. 유럽연합의 경유차 배기가스 규제단계. 1992년 Euro 1을 시행했고, 2009년 Euro 5, 2013년 Euro 6까지 점차적으로 규제를 강화했다.

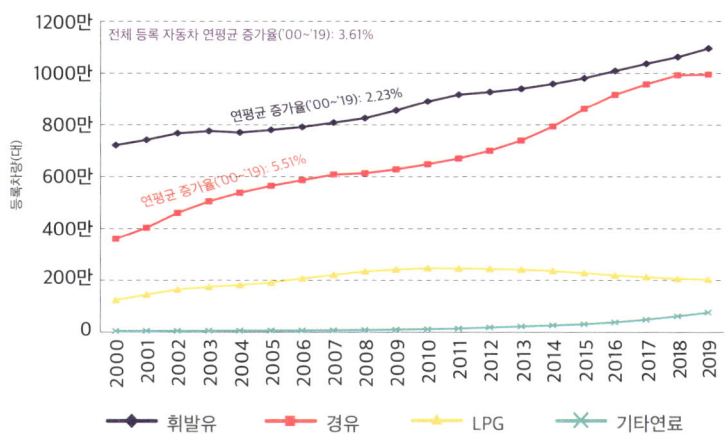

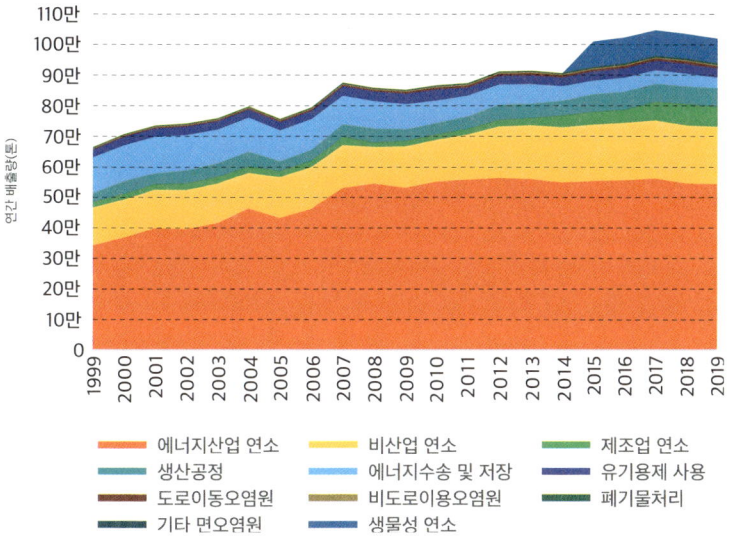

오존농도 상승은 경유 차량과 관련이 있을까? 연식이 오래될수록 질소산화물을 더 많이 배출하기 때문에 앞으로 경유 차량으로 인한 오존농도 상승이 더 악화할 가능성이 있다.[37]

또 다른 오존 전구물질인 휘발성 유기화합물의 배출량도 걱정스럽다. 1999년부터 2019년 사이에 연평균 2% 증가하여 그 기간 전국 총배출량이 53% 늘어났다. 염료 및 도료, 산업용 세척제, 합성수지 등인 유기용제 사용에 따른 배출량 증가가 주된 원인이었다.

오존의 강한 독성을 생각하면, 우리의 호흡기는 먼 미래가 아니라 지금 상처를 입고 있을 것이다. 건강을 생각한다면 자동차 배기가스 배출량과 유기용제 사용량을 어떻게 줄일지 시민과 정부, 기업이 우선적이고 절박한 과제로 삼고 함께 고민해야 한다. 특히 자동차 배기가스 배출량 감축에 성공하면 온실가스 배출량도 줄어들어서 기후변화 완화에 도움이 될 것이다.

우리가 알던 자연이
사라져 간다

#되돌릴 수 없는 변화   #2020년 세계위험보고서

세계경제포럼 연차 총회의에서 발표한 〈세계위험보고서 2020년 판〉은 전 세계가 올해 대응해야 할 위험 중 '가장 발생 확률이 높은 것'이 극한 기상 현상이고, '파괴력이 가장 큰 위험'은 기후 행동 실패라고 단언했다.[38] NASA는 2021년 전 지구 평균 표면 온도가 산업화 이전보다 1.13°C 따뜻했다고 발표했다.[39] 이러한 지구 온난화는 인류와 생태계에 치명적인 피해를 주는 다양한 기후 급변요소를 불러온다. 산업화 이전과 비교하여 전 지구 평균 표면 온도 상승폭이 1.5°C에 가까워지고 있는 만큼 기후의 급변은 예상치 못한 가까운 미래에 일어날 수 있고, 어떤 현상은 이미 벌어지고 있을지도 모른다.

시버 왕Seaver Wang과 지크 하우스파더Zeke Hausfather는 2020년 전 지구적 급변요소 전망을 연구하여 발표했다.[40] 기후변화는 연쇄적으로 발생하고 지역마다 변화가 달라서 지구적인 것과 지역적인 것으로 나누었으며, 현재 지구에 어떤 변화가 일어나고 있는지, 그리고 인류의 노력으로 예전처럼 되돌릴 수 있는가를 정리했다.

빠르게 바뀌는 지구의 기후

지구온난화로 바다 얼음 면적이 감소하면 기후변화가 도미노처럼 다른 지역에 영향을 미친다.[41] 북극 바다 얼음이 녹으면 북극해 주변의 지역온난화가 빨라져, 툰드라와 같은 지역의 영구동토[d]가 녹기 시작한다. 그린란드의 얼음이 녹아서 막대한 양의 차가운 민물이 대서양에 흘러 들어간다. 이 민물의 유입은 적도 부근의 따뜻한 바닷물을 대서양 북쪽으로 운반하고, 찬 바닷물은 깊은 바다로 가라앉히던 해류의 속도를 떨어뜨려서, 대서양 전체의 열과 염류의 흐름을 교란한다. 이 교란은 아프리카 사헬의 가뭄을 악화하고 남미 아마존을 건조하게 한다. 연쇄작용은 계속되어서, 마지막에는 남극해에 열이 축적되어 남극의 얼음을 더 빨리 녹게 한다.

해수면 상승: 그린란드와 남극의 빙상이 소실되며 수 미터의 해수면 상승이 예상된다. 지구온난화가 어느 한계를 넘어서면 빙상*氷床*이 녹아서 붕괴할 수밖에 없다. 서남극 스웨이츠^{Thwaites} 빙하 손실은 더 이상 돌이킬 수 없다. 빠르게 막지 않으면 빙상 소실과 해수면 상승 속도가 더욱 빨라질 것이므로, 강력한 기후변화 완화를 시행해서 광범위한 빙상 소실을 막아야 한다.

---

d **영구동토**: 최소 2년 이상 장기간에 걸쳐 토양 온도가 물이 어는 점인 0°C 이하로 유지되어 얼어붙은 대지

대서양 자오선 역전 순환류의 약화 혹은 정지: 대서양 자오선 역전 순환류AMOC, Atlantic Meridional Overturning Circulation는 대서양 심해의 밀도 차이에 의해 열과 염분을 운반함으로써 지구의 열 균형을 유지하는 순환류인데, 최근 그 속도가 느려지고 있다. 이 변화가 어떻게 일어날지, 또 그 변화에 따라 기후는 어떻게 변할지 정확히 예측할 수 없지만 지구온난화가 2.0°C 이상이 된다면 인류에게 돌이킬 수 없는 부정적 영향을 미칠 위험이 있다.

메탄 대량 방출: 메탄하이드레이트는 미생물이 해저 퇴적물을 분해하거나 유기물이 열에 의해 변질하면서 발생한 메탄이 심해의 저온과 높은 수압에 의해 물과 화합한 후 동결되어 퇴적된 것이다. 이 퇴적층에는 2조 톤에 가까운 탄소가 포집 되어 있는 것으로 추정되는데, 2018년 인간 활동으로 인한 전 세계 탄소 배출량 115억 톤의 170배 이상이다.[42]

문제는 메탄이 이산화탄소보다 28배 온실효과가 크다는 것이다.[43] 만약 해수 온도 상승으로 메탄하이드레이트가 녹는다면 막대한 양의 메탄이 방출되어 지구온난화를 가속화할 것으로 예상된다. IPCC에서 밝힌 메탄의 대량 방출 경로는 두 가지다. 하나는 한대지역의 영구동토가 녹으면서 저장돼 있던 메탄이 방출되는 것이고, 다른 하나는 해저 메탄하이드레이트가 해수 온도 상승으로 방출되어 대기까지 이동하는 것이다. 이 중 영구동토의 메탄 방출은 실제로 일어날 확률이 크다.[44] 영구동토 해빙이 방출할 수 있는 이산화탄소와 메탄은 이산화탄소 상당량 기준으로 2100년까지 최대

8천 800억 톤 ᴿᶜᴾ⁸·⁵ ᵏⁱᶻᵘⁿ 이다.⁴⁵ 전문가들은 영구동토의 메탄이 방출되기 시작하면 앞으로 수백 년 안에 그 흐름을 돌이킬 수 없다고 경고한다.

극지 영구동토의 해빙·분해로 인한 기후 되먹임: 기후 되먹임은 기후시스템 내에 존재하는 각 과정 사이에서 최초 과정의 결과가 두 번째 과정에 변화를 촉발하고 이 과정이 다시 최초 과정에 영향을 미치는 상호작용 메커니즘이다.⁴⁶ 원래의 과정을 증폭시키면 양의 되먹임, 감소시키면 음의 되먹임이라고 부른다.

예를 들어, 온실가스가 증가하여 기온이 상승하면 지표도 데워진다.[최초 과정] 그러면 영구동토에 얼어서 갇혀 있던 메탄이 풀려나서 대기로 방출될 수 있다.[두 번째 과정] 이산화탄소보다 빠르게 온실효과를 일으키는 메탄이 증가하면 온실효과가 더 심화하므로, 지구온난화는 더 가속한다.[양의 되먹임] 영구동토가 수년 이내에 급작스럽게 녹아서 엄청난 양의 메탄을 방출하고 그 결과 전 지구 기후에 극적인 변화를 유발하는 기후 되먹임을 발견한 연구가 아직은 없다. 그러나 영구동토에 붙잡혀 있는 탄소의 양이 워낙 많아서 그 중 일부만이라도 방출된다면 장기간에 걸쳐 온실효과를 심화할 수 있다.

여러 급변점의 연쇄반응: 지구온난화를 불러일으킬 수 있는 여러 급변요소는 점진적으로 발생하며, 지구 전체 기후변화를 일으키는 데 오랜 시간이 필요하다. 하지만 급변점의 연쇄반응이 일어난다면 그 위험은 매우 크다. 그래서 각 급변 현상의 연쇄반응을 주시하여 기후변화의 추가적인 위험을 재평가해야 한다.

북방림 생태계의 대규모 이동: 툰드라 이남의 북부 시방 숲인 북방림北方林, boreal forest 생태계의 공간적 변화는 탄소 축적량, 지역적 반사율, 탄소 흡수 능력 등에 영향을 미칠 수 있다. 이 변화에는 생지 화학적 과정과 되먹임 현상이 복잡하게 얽혀서, 그 정도나 속도를 지역적으로라도 추정하는 일이 만만치 않다. 그러나 영향이 없다고 볼 수 없으므로 북방림 생태계 이동을 자세히 관찰해야 한다.

층적운 구름 마루 증발에 의한 재앙적 온난화: 층적운은 지상 500~2천m까지 높이 분포한다. 태양 복사에너지를 반사함으로써 지구온난화를 완화한다. 그런데 대기 중 이산화탄소 농도가 일정 수준 이상으로 상승하면 층적운 상부의 구름 마루stratocumulus cloud decks가 증발할 수 있다. 아직 위협적인 변화가 아니어서 최악의 이산화탄소 농도가 발생할 때 층적운 구름 마루 증발의 영향을 평가하면 된다.

빠르게 변하는 세계 각국의 기후

지구온난화로 터전을 잃어버려 뼈가 앙상하게 마른 북극곰, 아름답던 산호초가 죽어 흰색으로 변하는 바다 등 먼 나라의 기후가 빠르게 변화하고 있다. 전 지구적인 기후급변은 지금 당장 영향을 미치지 않지만, 지역의 기후급변은 현재진행형이며, 돌이키기 힘든 상황에 부닥친 경우가 많다.

열대 산호초의 개체 격감: 산호초는 폭풍과 해일을 막는 장벽이며, 이산화탄소를 줄이고 산소를 만드는 역할을 한다. 또 다양한 해양생물이 산호초에 의지하며 서식한다. UN 보고서는 인류의 1/10이 넘는 인구 약 8억 5천만 여명이 산호초의 혜택을 받고 있고, 이중 2억 7천 5백만 명은 산호초와 생태문제가 직결된다고 발표했다.

그런데 최근 기후변화로 인해 산호초가 황폐화하고 있다. 인류의 적극적인 노력으로 기후변화 완화가 낙관적으로 실현되어도 21세기 내내 지속해서 황폐화할 것이다. 1.5°C 이내로 지구온난화를 막는다고 해도, 현존 산호초는 10~30%만 살아남는다.

여름철 북극 해빙 소멸: 지구온난화의 영향으로 앞으로 20~30년 안에 여름에는 북극 해빙이 완전히 녹을 확률이 커지고 있다. 해빙이 없어지면 북극 해면의 반사도가 감소하며, 이로 인해 지구온난화 속도가 최대 8% 증가할 수 있다.

아마존 열대우림 소실 및 열대우림의 초원화: 아마존 열대우림의 고사枯死는 가까운 시간 내에 일어날 가능성이 크다. 실제로 뉴욕타임즈에서 브라질 정부 자료를 인용해 밝힌 자료에 따르면 2019년 1월부터 9월까지 아마존 열대우림의 면적이 3천 440㎢ 이상 감소했다. 인간의 활동이 가하는 압력은 이미 아마존 열대우림에 심각한 위협이어서, 지역적으로나 전 지구적으로 황폐화를 동반한 변화를 일으키고 있다.

아프리카와 인도의 계절풍 쇠퇴: 현재 기후과학이 이해하기로는 지역 기후가 달라질 만큼 아프리카와 인도의 계절풍에 큰 변화가 일어날 가능성은 크지 않고, 앞으로 계절풍의 강도나 다른 특성이 달라질 여지는 충분히 있다.

북극은 더 빠르게 따뜻해진다

비관적인 급변요소들이 우리나라와 멀리 떨어진 곳에서 발생하고 있다. 그러나 그 영향은 전 지구적일 수밖에 없다. 전 지구가 힘을 합해 기후변화 속도를 늦춘다면 먼 미래의 일이 될 수도 있지만 안타깝게도 현재의 변화 방향은 그렇지 않다. 전문가들은 지구 전체보다 북극의 지구온난화 속도가 더 빠를 것으로 예측한다. 이런 변화가 계속되면 전 지구 연평균온도가 2°C 추가 상승할 때 북극 연평균온도가 4°C 상승하고, 겨울 평균 온도는 7°C까지 상승한다. 전 지구가 기후변화정책 없이 화석연료를 지금처럼 사용하는 경우, 21세기 말에 냉대지역의 늦가을 평균 기온이 13°C까지 상승할 수 있다. 그렇게 되면 냉대지역 습지에 갇혀 있던 메탄까지 걷잡을 수 없이 방출되어 지구온난화는 가속화된다.

주요 기후 급변요소와 급변점

출처: Wang & Hausfather, 2020

급변요소	구분	급변 후에 되돌릴 수 있는가	현재 상태 평가
대서양 자오선 역전 순환류(AMOC) 약화/정지	약화: 급변요소 소멸: 급변점	되돌릴 수 없다.	지구온난화 2.0 ℃ 이상 일 때는 되돌릴 수 없다.
메탄하이드레이트 불안정화	급변요소	되돌릴 수 없다.	위협적이지 않다.
그린란드와 남극의 빙상(氷床) 소실	급변요소	그린란드: 멈출 수 있다. 남극: 되돌릴 수 없다.	급변 후 되돌릴 수 없는 변화의 초기 단계이므로 주의가 필요하다.
영구동토의 탄소 방출	기후 되먹임	되돌릴 수 없다.	구체적인 증거는 없지만, 현실화하면 매우 위험하다.
북방림 생태계 이동	급변요소	불확실하다.	알 수 없다.
층적운 구름마루 증발	급변점	되돌릴 수 없다.	최악의 온난화 경로로 가면 재평가한다.
산호초 서식지 붕괴	급변점	되돌릴 수 없다.	비관적이다.
아마존 열대우림 고사(枯死)	급변요소	되돌릴 수 없다.	10년 이내 발생할 확률이 높다.
남아시아와 아프리카 계절풍의 급작스러운 변화	기후 되먹임	되돌릴 수 있다.	가능성이 적다.
여름철 북극 해빙(海氷) 소멸	기후 되먹임	되돌릴 수 있다.	한 세대 안에 발생 가능성 크다.
급변점의 연쇄반응	급변요소	되돌릴 수 없다.	연쇄반응에는 시간이 오래 걸리지만, 각 요소의 변화에 민감해야 한다.

※ 참고: 급변요소 = 발생에 10년 넘게 걸리는 변화, 급변점 = 10년 이내에 발생하는 변화.

6천 6백만 년 전 대멸종이 다가오고 있다

#지구위험한계 #생물다양성 감소

멸종이란, 생물의 한 종이 완전히 사라지거나 어떤 외부 상황에 의해 없어져 버린 것을 뜻한다. 대표적으로 중생대 백악기가 끝나는 6천 6백만 년 전 공룡이 지구상에서 완전히 자취를 감춘 것이 있다. 지구 역사상 크게 5번의 대멸종이 있었다. 최근 여러 동식물이 급격하게 멸종되어가는 상황을 두고 제6차 대멸종이라고 하는 사람들도 있다.[47]

지구위험한계

'지구위험한계 또는 지구의 행성한계; planetary boundaries'는 인류의 생존을 위협하는 9가지 환경 지표를 선정하고 현재 그 지표들이 얼마나 위험 수준에 가까워졌는지, 혹은 이미 안전 한계를 넘어섰는지를 알려주는 평가 기준이다. 2009년《Nature》에 스톡홀름 회복탄력성 센터와 소장 요한 록스트룀 외 28명의 과학자들이 내용을 실으며 유명해졌다.[48] 그들은 인류 생존이 위협받을 수 있는 9가지 지구

위험한계와 기준이 되는 3개의 영역을 제시했다.

지구위험한계의 9가지 지표는 기후변화, 생물권 온전성 변화, 지표 시스템 변화, 담수 이용, 생물화학적 흐름, 해양 산성화, 대기의 에어로졸 증가, 성층권 오존층 파괴, 새로운 물질 증가이며, 위험도에 따라 3가지로 분류했다.

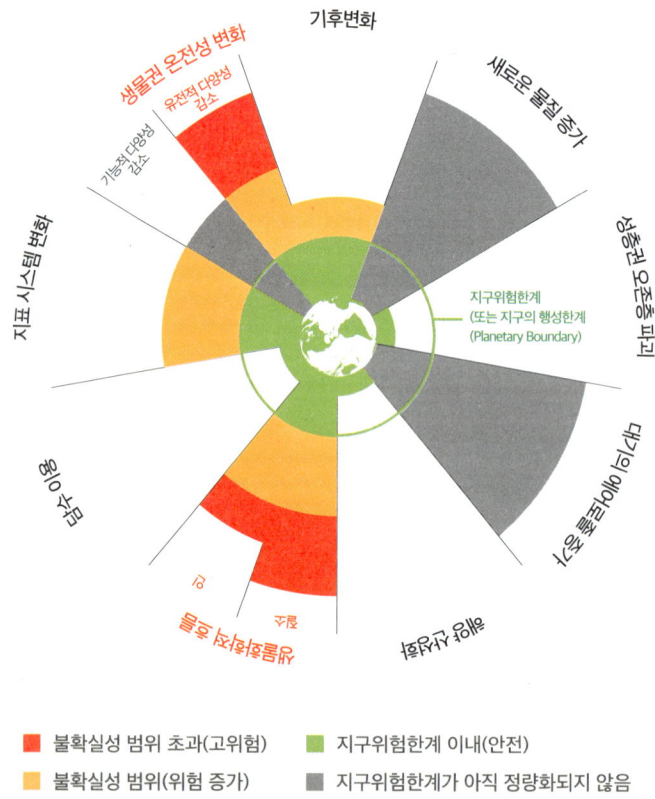

현대 인류 사회의 생존에 가장 큰 영향을 미치는 9가지 변화
출처: Steffen et al. (2015)

고위험 영역: 지구의 자동복원력이 작동하지 않아 회복 불가능
위험증가 영역: 지구의 자생능력이 작용하면 나아질 수 있는 상황
안전 영역: 지구에 영향을 주지 않으며 안정적인 상태 유지 가능

'지구위험한계'를 고안한 학자들은 인류의 안전한 삶에 가장 큰 영향을 끼칠 뿐만 아니라, 나머지 7가지 지표의 변화에 결정적 영향을 미치는 두 가지 지표가 '기후변화'와 '생물권 온전성 변화'라고 말했다. 기후변화, 즉 지구온난화가 매우 심각한 상태라는 이야기는 많이 알려졌지만, 생물권 온전성 변화는 상대적으로 주목받지 못했다. 그러나 생물권 온전성 변화도 기후변화와 마찬가지로 다른 생물이 살아가기 힘들게 되고 우리의 후손들도 풍성한 삶을 살지 못하게 되는 변화의 하나이다.

생물다양성 감소

전 세계에 약 810만 종의 생물이 살고 있는데, 그중 상당수가 생존 자체를 위협받는다. 550만 종으로 추산되는 곤충의 약 10% 및 260만 종으로 추산하는 동식물의 25%가 세계자연보전연맹의 멸종 위기 기준에 해당한다. 생물다양성 과학 기구 IPBES, Intergovernmental Science-Policy Platform on Biodiversity and Ecosystem Services 는 동식물 중 약 100만 종이 멸종 위기에 처한 것으로 평가한다. 지구상의 생물 중 약 1/8이 주로 인간이 일으킨 변화로 영원히 사라질 위기에 처한 것이다. 알려지지 않은 생물을 합하면 더 많은 생물이 멸종 위기에 놓여있다.[49]

화산폭발, 지진 등의 자연현상으로 생태계에 일시적인 변화가

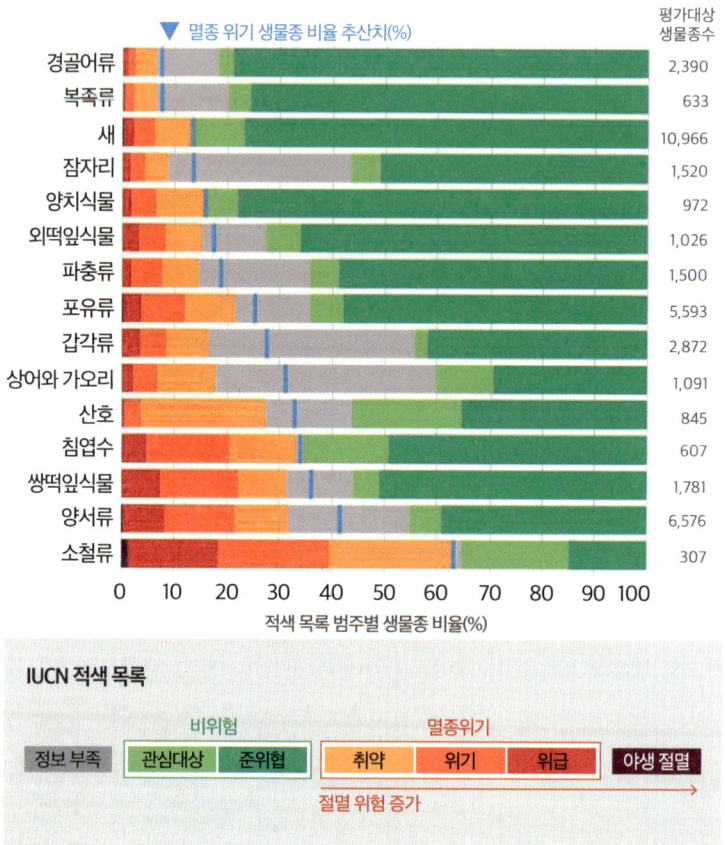

일어날 수 있지만, 현재 발생한 부정적인 변화들의 원인은 인간이 제공했다.

플라스틱 폐기물이나 미세먼지 같은 오염물질 배출, 산업생산이나 농림어업을 위한 육지와 바다의 난개발, 동식물의 남획, 화석연료 소비로 인한 기후변화, 무역과 국제관광의 부작용인 외래 동식물의 생태계 교란 등 인간이 직접 동식물의 생명을 위협하고 서식지를 파괴하는 활동'의 강도와 범위가 갈수록 커지고 있다.

눈에 보이지 않는 활동도 많다. 경제 성장을 우선시하는 정치·사회 제도, 폐기물이나 오염물질 발생을 중요하게 생각하지 않는 생산·소비 방식, 도시와 농어촌의 극단적 분리도 해당한다. 국제적으로는 자원생산 국가와 소비국가의 차별화로 선진국 국민이 개발도상국의 자연을 파괴하는 현상도 생태계를 간접적으로 파괴하는 인간 활동의 예이다.

다양한 생태계의 혜택

전통사회에서는 다양한 생물들이 함께 생태계를 이뤄서 우리에게 주는 혜택을 '자연의 선물'이라고 했다. 학술적으로는 그것을 '생태계 서비스'라고 한다. 이 생태계 서비스는 인간이 생태계로부터 얻는 효용을 평가하는 지표로서, UN에서 2005년에 발표한 새천년 생태계평가 MA, Millennium Ecosystem Assessment 를 통해 유명해졌다.

그러나 개발도상국 학자들로부터 학문적 체계가 일찍 갖춰진 서구과학의 산물로, 생태계와 사람의 관계에서 중요한 전통지식이나 원주민의 가치관 등을 중요하게 고려하지 않았다는 비판을 받으면서 정의가 바뀌었다. 최근에는 '생태계 서비스' 대신 NCPs Nature's Contributions to People 즉, '자연의 인간에 대한 기여'라고 부르는 추세다. NPCs는 3가지로 나눌 수 있다.

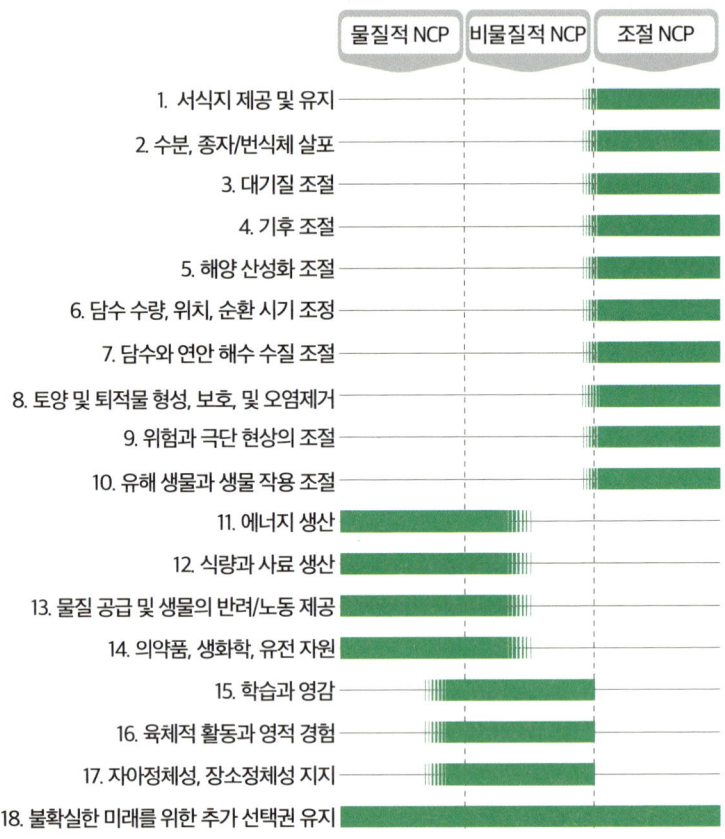

18가지 '자연의 인간에 대한 기여'(NCPs) 분류
출처: Díaz et al(2018), IPBES(2019)

환경 조절을 통한 기여: 꿀벌이나 나비들이 농작물을 포함한 식물을 수분해서 식량 생산에 도움을 주는 것. 식물이 광합성을 통해 이산화탄소를 산소로 바꿔서 대기 조성을 일정하게 유지하는 것. 미생물의 활동이 토양 속 물질 순환을 도와서 토양을 비옥하게 유지하는 것 등

물질적인 기여: 식량과 사료가 되는 동식물을 제공. 연료목이나 숯과 같은 바이오 에너지 원료 제공. 의약품의 원료나 합성원리 제공.

비물질적인 기여: 인류가 자연을 누리는 것. 자연 속에서 몸과 마음이 휴식하고, 아름다운 자연경관에서 경이와 충족감을 느끼거나, 도시의 회색빛 빌딩 숲에서 일하던 사람이 주말이나 휴가 기간에 산이나 강, 들이나 바다로 나가는 것.

전문가들은 NCPs가 생물다양성 위기와 유례없는 환경변화에 따라 급격한 변화를 보일 것으로 전망한다. 지구온난화 상황에 따라 다르지만, 전 지구적으로 생물 종 다양성이 감소하면서 그 생물들이 함께 어우러져 무생물 자연환경과 함께 인간에게 기여하던 조절기능 조절NCP도 대폭 줄어든다. 인간이 자연으로부터 얻는 물질적 혜택 물질적NCP은 상당히 증가하지만 실제로는 인간의 일방적인 자연자원 남용과 착취·채취가 늘어난다는 말이며, 조절NCP가 감소하기 때문에 긍정적인 신호가 아니다.

전 지구적 변화가 일어나는 과정은 매우 복잡하고 그 변화 수준의 추정에도 불확실성이 많다. 그러나 생물다양성 감소 변화를 최신 연구 성과를 통해 평가한 결과는 암울하다. 현 상황으로 가면 과거 대멸종을 다시 경험하게 될지도 모른다.

기후변화 시나리오
절망과 희망

#SSPs시나리오 #더 좋아지지 않는다

기후변화로 인해 극단적인 날씨 변화를 겪게 되면 앞으로 어떤 미래가 기다리고 있을지 우려스럽기도 하고 궁금하기도 하다. 과학자들은 바람직한 미래로 이어질 정책을 알아보기 위해 기후, 환경, 경제 등을 다양한 분야에서 일어날 수 있는 현상을 분석하고 예측하여 두 가지 기후변화 시나리오를 만들었다. IPCC에서 만든 '대표농도경로 시나리오'RCPs, Representative Concentration Pathways'와 IPCC에서 새로 개발하고 IPBES도 공동으로 활용하는 '공통사회경제경로SSPs, Shared Socioeconomic Pathways다.

RCPs: 온실가스 농도에 따른 기후변화 시나리오

'대표농도경로 시나리오'는 대기 중 온실가스의 농도 변화로, 기후변화를 일으키는 힘인 복사강제력의 2100년 값을 시나리오 이름에 쓴다. 예를 들어, RCP2.6은 2100년의 복사강제력이 2.6W/m² IPCC의 제5차 보고서는, 지표 평균 기온 상승을 산업화 이전 대비 2°C 이내로 억제하는 경로는 RCP 2.6으로서 인간 활동에 의한 영향을 지구 스스로가 회복 가능한 경우라고 결론지었다.

- **RCP2.6:** 인간 활동에 의한 영향을 지구가 자가회복하는 경우
- **RCP4.5:** 온실가스 저감 정책이 상당히 실현되는 경우
- **RCP6.0:** 온실가스 저감 정책이 어느 정도 실현되는 경우
- **RCP8.5:** 현 추세로 온실가스를 배출하는 경우

SSPs: 사회·경제적 변화를 함께 예측한 통합 시나리오

RCPs 시나리오는 단순히 온실가스 농도로 만든 시나리오였기 때문에 그로 인한 기후, 사회, 경제 등 다양한 변수를 반영하지 못했다. 그래서 나온 것이 공통사회경제경로 SSPs다. SSPs는 인구, GDP, 에너지 수급, 온실가스 배출량, 토지이용 등의 미래 예상 변화를 조합하고 사회·경제적 변화 방향을 예측하여 기후변화 가상 시나리오를 만들었다. 시나리오에는 크게 두 가지 가정이 밑바탕에 깔려있다. 즉, 온실가스 배출량의 변화에 따라 달라지는 온난화 수준과 사회·경제적 서사구조이다. 많은 요인이 상호작용하고 여러 변화의 방향이 불확실한 이 시대에는 단순히 대기과학 가정만으로 미래를 예측하기 어려우므로 다양한 분야의 변화를 종합적으로 검토한다. 이렇게 다섯 가지 시나리오를 도출했다.

과학자들은 2100년까지 지구온난화를 산업화 이전 대비 1.5°C 이내로 억제하는 것을 목표로 한 모의실험을 시행했다. 그 결과 다섯 가지 SSPs 시나리오 중에서 지구온난화 1.5°C를 가장 잘 실현할 수 있는 것은 SSP1이었다. SSP3 시나리오는 지구온난화 억제

에 실패한 최악의 경로로 꼽힌다. SSP1은 기후변화 적응과 완화를 위해 크게 비용이 들지 않는다. SSP3의 경우 기후변화 적응과 완화가 매우 어려울 것이며, SSP5의 경우 기후변화 적응은 어렵지 않겠으나 완화는 어려울 것이다. 다섯 가지 시나리오 중 SSP2, SSP1, SSP3의 미래 모습을 자세히 살펴보자.

5가지 '공동 사회·경제 경로'의 내러티브 요약
출처: Riahi et al., 2017

SSP1	**지속가능성 - 녹색 진로 (완화와 적응의 어려움이 적음)** • 세계가 하나 되어 지속 가능한 방향으로 이동한다. • 환경을 존중하는 포용적인 발전이 강조된다. • 인류공동자산(global commons)의 관리가 개선된다. • 교육 및 보건 투자로 인구 구조 전환을 가속화한다. • 경제 성장보다는 인간 복지에 중점을 둔다. • 국가 간, 국가 내 불평등이 감소한다. • 물질적 성장보다는 자원·에너지 집약도를 낮추는 소비로 변화한다.
SSP2	**중도 진로(중간 난이도의 완화·적응 과제)** • 사회·경제·기술이 과거 양상과 크게 다르지 않다. • 국가별 발전과 소득 증가가 불균등하다. • 국제 및 국가별 기관들의 지속가능발전목표 달성이 느리다. • 자원·에너지 집약도 감소 등은 좋아지지만, 환경체계는 악화한다. • 세계 인구 증가가 심하지 않으며 21세기 후반에 안정된다. • 소득 불평등은 여전하거나 아주 천천히 나아진다. • 사회적·환경적 변화에 대한 취약성을 유지된다.
SSP3	**지역 간 경쟁 - 험난한 진로(완화·적응을 위한 과제 달성이 어려움)** • 민족주의의 유행으로 지역 내 갈등이 심화하며, 국가경쟁력 및 안보에 대한 우려가 높아진다. • 국내 또는 지역 내 문제에만 집중한다. • 지역 내의 에너지 및 식량 안보 목표를 달성하는 데 중점을 둔다. • 교육 및 기술개발에 대한 투자가 감소한다. • 경제발전이 느리고, 소비는 물질 집약적이며, 불평등은 지속하거나 악화된다. • 선진국에서 인구가 감소하고, 개발도상국에서 증가한다. • 환경문제에 무관심하여 일부 지역에서 심각한 환경 악화가 발생한다.

| SSP4 | **불평등 - 갈라진 진로(완화 과제는 쉽고, 적응 과제는 어려움)**
- 경제적 기회, 정치 권력, 인적 자본 투자가 매우 불평등하다.
- 국가 간, 국가 내의 불평등과 계층화가 증가한다.
- '지식·자본 집약적인 국제적으로 연결된 사회'와 '노동 집약적이고 저급기술에 의존하는 저소득층과 교육 부족 사회들'의 간극이 넓어진다.
- 사회적 응집력은 저하되고 갈등과 불안이 일상화된다.
- 첨단기술을 중심으로 하는 경제와 산업에서 기술개발이 뚜렷이 드러난다.
- 다국적 에너지 산업은 탄소 집약적 연료뿐만 아니라 저탄소 에너지원에도 투자한다.
- 환경정책은 중간과 고소득 지역을 둘러싼 문제에 더 관심을 둔다.

| SSP5 | **화석연료 의존 발전 - 고성장 진로(완화를 위한 도전 과제가 크고, 적응에 필요한 도전 과제는 작음)**
- 경쟁시장, 혁신과 참여사회에 대한 신념으로 세계 시장이 통합된다.
- 빠른 기술 진보와 인적 자본 개발을 지향한다.
- 건강·교육·제도에 대한 강력한 투자로 인적·사회적 자본이 증대된다.
- 화석연료가 대규모로 개발되고, 자원·에너지 집약적인 생활 방식을 추구한다.
- 세계 경제가 급속하게 성장한다.
- 세계 인구가 21세기 내에 최고점을 찍고 하락한다.
- 대기오염과 같은 지역 환경문제를 성공적으로 관리된다.
- 사회와 생태계의 관리 능력을 신뢰한다.

중도 시나리오^{SSP2}: 지구 평균 온도 1.5°C 상승

'중도 시나리오'는 모든 나라가 파리협정에 따라 자발적으로 설정한 기후변화 완화 노력을 실천한다. 2020년 기준 산업화 이전보다 1.1°C 높은 지구온난화 수준이 2050년 1.5°C로 소폭 상승한다. 이미 지구온난화가 1.1°C 일어났고 생태계와 인간의 사회·경제가 변하고 있으며, 가속도가 붙는다.

세계 곳곳에서 폭염과 열대야로 대표되는 기온 상승이 두드러진다. 반대로 추위는 약해진다. 해양보다는 육지에서 기온 상승이 크다. 중위도의 여름 온도가 3°C, 고위도에서는 겨울 온도가 4.5°C까지 상승한다. 지중해, 남아프리카 등 일부 지역의 건조 현상이 심해지면서 가뭄, 강수량 부족 현상이 증가한다.

반대로 건조하지 않은 지역은 더 습해지는데, 폭우의 빈도와 강도, 강우량이 증가한다. 일부 지역에서는 두 현상이 겹쳐져, 장기간의 가뭄과 폭우가 연달아 발생하기도 한다. 태풍, 허리케인, 사이클론 등 열대저기압의 발생횟수가 줄어들지만, 파괴력과 강우량이 증가한다.

육지 기온만큼은 아니나 표층의 해수 온도도 상승함에 따라 해양의 이상 고수온 또는 해양 열파, marine heatwaves이 증가하고 표층과 심해의 온도 차가 커지면서 해수 순환이 느려진다. 전 지구적으로 고온 현상을 강화하는 극단적인 엘니뇨의 발생빈도도 증가한다.[50] 반대로, 극지의 해빙 sea ice은 감소한다.[51]

생태계에도 상당한 변화를 일으킨다. 곤충의 6%, 식물의 8%, 척추동물의 4%가 기존의 서식지를 잃어버리고, 해수 온도 상승으로 열대 산호의 70~90%가 사라진다. 해양 생태계의 생산성이 감소하고, 연안 침식이 악화하며, 생태계가 훼손되고, 어류가 고위도로 이동함에 따라 저위도의 해양 생산성이 감소한다.[52]

사회·경제가 큰 변화를 겪는다. 우선 수자원에 변화가 생긴다. 사회·경제적 상황에 따라 그 정도가 변화할 순 있지만, 증가하는 가뭄과 홍수로 각종 용수의 수급이 어려워질 수 있다. 해수의 수온 상승과 산성화로 특히 저위도의 어선어업과 양식업이 피해를 입는다. 산호, 해초, 바닷말, 맹그로브 등의 소형어업은 위험이 증가

한다. 열대저기압의 강도가 커지면서 피해도 증가한다. 연안 저지대의 침수가 잦아진다.[53]

사람의 건강과 후생에 더 변화를 일으킨다. 폭염, 가뭄, 홍수, 폭풍, 식량 감소 등으로 지역에 따라 주민의 건강이 악화할 수 있다. 극단적 폭염에 노출되는 인구가 증가하는데, 도시 열섬 현상이 피해를 더한다. 뎅기열이나 말라리아와 같은 매개체 감염병이 증가한다.

계절 관광산업과 야외스포츠산업이 수축한다. 선진국에 비해 개발도상국의 빈곤과 불이익이 상대적으로 더 악화하여, 비자발적 이민 압력도 커진다. 극지방의 정주지역이 감소한다.[54]

이러한 변화에 따라 주요 자연계, 관리된 시스템, 그리고 인간계에 대한 위험 단계 상승한다. 즉, 온대수역 산호초, 맹그로브, 저위도의 소규모 어업, 북극 지역, 육상 생태계, 연안 홍수, 하천 홍수, 작물 생산량, 관광업, 고온에 의한 질병 발생 및 사망률 등의 위험도가 악화한다.[55]

붕괴 시나리오 SSP3 : 산업화 이전 대비 지구 평균 온도 2.0°C 상승

2050년의 전 지구 평균 표면 온도가 산업화 이전과 비교해서 2.0°C 더 높다. 모든 국가가 기후변화에 대응하기 위하여 노력했지만, 온난화 시기가 2050~2055년으로 미뤄질 뿐이다. 인류가 자연의 부정적인 변화의 완화를 위해 어떤 노력도 하지 않으면 불과 30여 년 뒤에 돌이킬 수 없는 지구온난화가 진행된다. 2050년에 바로 지구가 멸망하지는 않겠지만, 저소득 국가와 빈곤층부터 생존을 위협받고 육지와 해양의 생태계도 걷잡을 수 없이 파괴되기 시작할 것이다. 경제 성장을 우선시하는 무한 경쟁 사회는 너무나 짧은 미래에 파국에 이를 수밖에 없다.

민족주의, 경쟁력 및 안보에 대한 우려, 그리고 지역 내 갈등이 다시 유행한다. 개발도상국을 중심으로 인구가 급증하는 데 비해 농업 생산성 제고는 실패한다. 국가들은 각 국가·지역 내의 에너지와 식량 안보 목표를 달성하는 데 중점을 둔다. 에너지와 식량 자급을 위한 개발이 급증하고 물질 집약적 소비가 두드러지며, 국가 간 불평등은 지속적으로 악화한다. 이 과정에서 토지이용에 큰 변화가 일어나 삼림과 자연 생태계가 감소한다. 세계인은 환경문제에 무관심하고, 일부 지역에서 심각한 환경 악화가 발생한다. 대기오염물질이 2050년경 가장 많이 배출된다.[56]

중위도 여름 온도가 4°C, 고위도 겨울 온도는 6°C까지 상승한다. 특히 육지에서 폭염 현상이 더 자주, 더 오래 발생한다. 서부 사헬, 북부 브라질, 중유럽이 건조해지면서 피해가 심해진다. 이와는 반대로, 동아시아와 북아메리카 등은 더욱 습해져 폭우의 빈도와 강도, 강우량이 늘어남에 따라 홍수 위험이 증가한다. 가뭄과 폭우가 겹치는 현상도 강해져 수질 악화와 토양 침식도 심화한다. 해수면이 상승함에 따라 연안의 기반시설이 위협받고, 마시는 물과 농업용수의 염도가 상승한다. 열대저기압이 강력해지고 더 많은 비를 내려서 피해가 증가한다. 표층 해수 온도 상승과 해양폭염에 따라 해빙海氷이 감소하여 여름에 북극에서 해빙이 없어지는 해가 발생할 수도 있다.[57]

연안 침수가 증가하고, 자연화재의 강도와 빈도가 증가한다. 생태 지역에 부정적으로 영향을 주어 생태계, 환경, 경제에 손해를 끼치는 침입종과 모기, 진드기 등에 의한 매개체 감염병이 증가한다. 기후변화로 인해 변형되는 생태계가 2배까지 증가할 수 있다. 특히 건조지역에서 자연 및 관리 생태계의 위험이 커진다. 곤충의 18%, 식물의 16%, 척추동물의 8%가 서식지를 잃어버리고, 생물 종의 지역적 또는 전 지구적 멸종 위험이 더 커진다. 툰드라와 고위도 침엽수림이 특별히 위험하다. 영구동토층의 서서히 녹기 시작한다. 해수 온도 상승으로 물고기와 플랑크톤도 고위도로 이동하지만 이동성이 약한 바닷말과 산호는 위험에 처한다. 열대 산호의 99%가 사라질 수도 있다. 연안 침식과 어업 생산성의 감소는 중도 시나리오보다 심각해지기 때문에, 연안 주민의 생활과 생계 수단이 위협받는다.[58]

사회·경제에도 엄청난 변화를 일으킨다. 수자원은 강도와 빈도가 증가하는 가뭄과 홍수로 인해 안정적인 공급이 어려워지는 지역이 늘어난다. 작은 섬들과 연안 저지대에서는 해수면 상승에 따른 생활농업용수의 염도 증가가 큰 문제가 된다. 각종 용수를 구하기 어려워지는 인구가 급증하는데, 특히 지중해와 카리브해가 피해를 입는다.

옥수수, 벼, 밀 등의 주요 작물의 생산량 감소에 따라 여러 지역에서 식량이 부족해져, 식량 위기에 빠질 인구가 1억 7천 800만 명이 넘는다.[59] 이산화탄소 농도 상승으로 인해 주요 작물의 영양소 함유량도 감소한다.[60] 열대저기압의 파괴력이 커지고 해수면 상승

까지 겹치면서 인명피해, 질병, 발전·송전망 장기 장애 등의 피해가 증가한다.[61]

사람의 건강과 후생에도 큰 영향을 미친다. 폭염, 가뭄, 홍수, 폭풍, 식량 감소, 식량의 영양 수준 악화 등의 정도가 더 심해진다. 극단적 폭염에 노출되는 인구가 중도 경로보다 급증한다. 온열 질환과 매개체 감염병 피해가 증가한다. 계절 관광산업과 야외스포츠 산업의 퇴조가 심화함에 따라 관광에 의존하던 국가는 국내총생산이 감소한다. 열대지역과 남반구 개발도상국의 피해가 더 크겠지만, 전 세계적으로 경제적 피해가 급증한다. 극지방의 정주지역 감소도 중도 경로보다 악화한다. 비선형 변화가 더 많아지고 그 정도도 심해지면서, 급변점 tipping point 을 넘어버려서 급격한 사회·경제 시스템 변화가 일어나기도 한다.[62]

변혁 시나리오[SSP1]: 지구 평균 온도 상승폭 1.5°C 이하의 기적

21세기 말까지 산업화 이전과 비교해서 1.5°C 넘게 상승하지 않는다. '변혁 시나리오'는 세 가지 시나리오 중 유일하게 인류와 자연의 지속가능성을 꿈꿀 수 있게 한다. 그러나 변혁 시나리오에서 추구하는 가치는 우리 사회와 제도에 익숙하지 않은 것들이다. 후손과 동식물, 소외계층과 멀리 떨어진 개발도상국을 위해 물질적 풍요를 어느정도 희생해야 하고, 지속 가능한 변혁이 순조롭게 일어나도록 사회경제 구조도 법제의 뒷받침을 받아서 바꿔야 한다. 국제협력도 필수적이다. 그런 변화는 기술개발이나 신성장 산업에 대한 투자보다 시간이 더 오래 걸린다.

지구온난화를 1.5°C 이내로 제한한다 해도, 자연이 회복되지는 않는다. 현재의 1.1°C 온난화 수준에서도 폭염으로 고생하는 해가 많아진다. 예전보다 강력해진 열대저기압의 피해가 매년 우리나라와 세계 각국에서 들려온다. 지중해 지역은 지금도 가뭄 피해가 심하다. 전 지구의 해양 폭염 발생일수도 1980년보다 3배로 늘었다. 오스트레일리아의 대보초 大堡礁, Great Barrier Reef에 서식하는 산호는 2016년부터 4년 동안 50%가 감소했다. 또 연평균 극지 해빙 면적은 1979년 이래 매년 3.5~4.1% 감소하고, 남극대륙 서부 빙상이 계속 녹으면서 전 지구 평균 해수면은 1979~2017년 사이에 6.9mm 추가 상승했다. 바닷물의 열팽창도 이미 일어나고 있어서, 해수면 상승에 가속도가 붙고 있다.

따뜻해진 바닷물 때문에 용존산소e가 감소하여 물의 자정작용이 떨어지고 수중생물 생존이 위협받는다. 여기에 연안 오염까지 더해져 피해가 증가했다. 증가한 대기 중 이산화탄소가 해수에 녹아서 해수 산성화가 발생했고 해조류와 물고기 등의 생리·생태, 생산성에 변화를 일으켰다.

생물들이 고위도로, 더 높은 곳으로 이동하면서 자연 및 농업 생태계가 급격히 변한다. 해수와 담수의 생물들도 고위도로 이동하며, 이동하지 않는 생물들도 계절의 길이와 평균 기온이 변하

---

e **용존산소(DO)**: 물속에서 용해되어있는 산소. 맑은 강물에는 보통 7~10ppm, 바닷물에는 6~8ppm 정도 포함되어 있으며, 대기 중으로부터의 유입, 광합성에 의한 생산, 생물의 호흡에 의한 소비 등으로 농도가 변한다.

면서 생활사가 달라진다. 열대지역은 기온 상승으로 수분 부족 현상이 나타나고 있다.[63] 멸종 위기 동물도 늘어난다.

사회·경제적으로는 장기적인 저성장 경제구조 변화에 맞추어 사회 제도를 바꾸는 데 갈등과 저항이 생기고 재정적 부담이 따른다. 사회·경제·기술 변화로 불량자산 stranded asset 이 된 화석연료 시설 등, 기존시설 처리 문제도 지역간·노사간 갈등을 부를 수 있다.

2부

기후정책

위기에 현명하게 대처하고 있을까?

기후위기에
대응하는 정책들

#파리협정 #지구온난화1.5℃특별보고서 #넷제로

2021년 프린스턴 대학교의 마나베 슈쿠로$^{眞鍋淑郎, Syukuro\ Manabe}$ 교수, 독일 함부르크 대학교의 클라우스 하셀만$^{Klaus\ Hasselmann}$ 교수가 노벨 물리학상을 수상했다.

마나베는 1960~1970년대, 대기와 해양의 순환을 수학적으로 계산하여 실험할 방법을 고안한다. 그 후 1903년 노벨 화학상 수상자 스반테 아레니우스$^{Svante\ Arrhenius}$가 이산화탄소의 대기 중 농도 증가에 따른 지구표면 온도를 예측한다. 그보다 조금 늦은 시기에 하셀만이 기후의 통계적 예측 가능성을 증명하고, 더 나아가 화석연료 연소와 같은 인간 활동의 기후 영향을 자연적 기후변화에서 분리해내는 방법을 발견한다.

노벨상 위원회는 마나베와 하셀만, 두 학자의 업적을 '변동성을 정량화하고 지구온난화를 신뢰도 있게 예측한, 지구 기후의 물리학적 모델링'으로 요약하여 2021년 노벨 물리학상 선정 이유로 밝힌다.

마나베와 하셀만이 물리학적인 토대를 닦은 기후변화 과학은 지난 60년 동안 눈부시게 발전한다. 이제 '지구 시스템 모형'의 기후 모의 결과를 통해 기후를 예측, 적응전략의 방향을 결정하고 온실가스 배출량 감축 기준을 제시하는 수준에 이르렀다.[1]

한센 박사의 경고와 IPCC의 창립

마나베나 하셀만 같은 위대한 기후과학자들의 연구가 '정책'차원에서 논의된 가장 유명한 계기는 미국에서 시작한다. 제임스 한센 James E. Hansen 박사는 이미 1981년부터 이산화탄소 증가의 기후 영향에 관한 논문을 발표하여 주목받았다. 한센은 1988년 6월 23일 미국 의회 상원 청문회에서 '인간 활동이 배출한 온실가스의 대기 중 농도 증가로 지구온난화가 발생했을 확률이 99% 이상이며 그 영향은 수 세기에 걸쳐 나타날 것'으로 경고하면서 지구온난화의 속도를 늦추기 위해서 행동에 나서야 한다고 촉구했다.[2] 한센의 의회 증언은 일반 대중에게 기후변화에 관심을 기울이게 했으며, 미국을 넘어서 전 세계의 정책결정자들이 기후변화 억제를 논의하기 시작한 결정적 계기가 되었다.

한센의 의회 증언으로, 전 세계적인 기후변화에 관한 관심이 결실을 보아, 1988년 세계기상기구 WMO, World Meteorological Organization 와 유엔환경계획 UNEP, United Nations Environment Programme 이 공동으로 '기후변화에 관한 정부 간 협의체', 즉 IPCC Intergovernmental Panel on Climate Change 를 창립한다. 2015년부터 한국의 이회성 박사가 의장을 맡은 IPCC는, 인간 활동이 유발한 기후변화에 관한 과학적 지식을 제공하는 과학자들의 국제적인 협력체로 이해할 수 있다.

IPCC의 전 지구 기후 평가보고서

IPCC는 1990년부터 5~8년 주기로 전 지구 기후 평가보고서, 그리고 각 주기 중간에 주제에 따른 특별보고서를 발표하는데, 구분이 쉽도록 독특한 영문 약어를 사용한다. 1990년의 제1차 평가보고서는 'FAR[First Assessment Report]', 1995년 제2차 평가보고서는 'SAR[Second Assessment Report]', 2001년 제3차 평가보고서는 'TAR[Third Assessment Report]'로 부른다. 또한, 특별보고서[Special Reports]는 SRREN[재생에너지원과 기후변화 완화에 관한 특별보고서], SREX[극한 현상 및 재해 위험 관리 특별보고서] 등과 같이 모든 보고서 제목의 약어가 'SR'로 시작한다.

IPCC의 보고서 중 2000년에 나온 〈배출시나리오에 관한 특별보고서[SRES]〉는 오늘날 기후변화 경로를 논의하는 시발점이라고 평가할 만큼 매우 중요하다. 보고서에서 제시한 다양한 온실가스 농도 경로를 통해 각국 정부와 국제기구들은 지속 가능한 경로와 최악의 경로가 미래의 기후에 어떤 차이를 불러오는지 이해할 수 있게 되었고, 파국을 막기 위해 인류의 공동행동이 필요함을 깨닫게 되었다. 〈배출시나리오에 관한 특별보고서〉의 기후 시나리오는 대표농도경로[RCPs, Representative Concentration Pathways]와 공통 사회경제경로[SSPs, Shared Socioeconomic Pathways]로 발전한다.

교토의정서와 세계 각국의 불만

IPCC의 연구를 정책적으로 뒷받침하기 위해 전세계 국가들은 유엔기후변화협약^{UNFCCC, United Nations Framework Convention on Climate Change}을 만들었다. 1992년 5월 브라질 리우데자네이루에서 채택되었고, 그 이후 매년 개최되는 당사국총회 COP^{Conference of Parties}가 세계 기후변화정책 논의와 결정의 중심이 되었다.

UNFCCC의 대표적인 기후변화정책으로 1997년 '교토의정서^{Kyoto Protocol}'가 있다. 교토의정서는 기후변화 완화를 위해 6대 온실가스, 이산화탄소, 아산화질소, 메탄, 수소불화탄소, 과불화탄소, 육불화황의 배출량 억제에 대한 법적 구속력이 있는 합의다. 교토의정서의 부속서B^{Annex B}에 포함된 국가들은 1997년 당시 선진국으로 분류되어 기후변화에 대한 책임이 컸으므로 1차는 2012년, 2차는 2020년까지 온실가스 배출량을 일정 수준 감축해야 했다.

교토의정서는 또 다른 중요한 기후변화정책을 만들었는데, 지금도 전 세계적으로 사용하고 있는 배출권거래제다. 배출권거래제는 상한선에 맞게 배출권을 할당한 후 배출량이 할당량을 넘는 기업이나 사업자는 다른 기업이나 사업자의 배출권을 구매하도록 하는 것이며, 이것은 세계 최대의 배출권거래 시장의 출범으로 이어졌다. 온실가스 배출량에 직접 세금을 부과하는 탄소세^{carbon tax}와 더불어 기후변화 완화를 위한 주요 정책으로 자리 잡았고, 지금도 전 세계에서 국가별, 지역별, 지방별로 비슷한 제도가 만들어지고 있다.

교토의정서가 선진국의 온실가스 배출량 감축을 촉구하는 수단으로 역할을 했지만, 전 세계에서 일어나는 기후변화의 피해는 고스란히 개발도상국들이 보았다. 선진국들의 노력만으로 기후변화 억제에 성공할 수 없었으므로 개발도상국의 불만을 누그러뜨릴 필요가 있었다. UNFCCC는 WIM$^{\text{Warsaw International Mechanism for Loss and Damage associated with Climate Change Impacts}}$을 만들어 개발도상국의 손실과 피해에 대한 위험 관리, 관련 기구·조직·이해 관계자 간 연계, 재원·기술 지원 등 관련 기능을 포괄적으로 수행하는 집행위원회를 설립했다. WIM은 선진국이 2020년까지 개발도상국에 매년 1천억 달러의 지원금과 더불어 개발도상국을 지원하는 정책의 기본이 되었다. 1천억 달러의 지원금에는 기후재정 지원 실행기구로 설립한 녹색기후기금$^{\text{Green Climate Fund}}$도 여기에 포함된다.

세계 기후변화정책에 대한 불만은 개발도상국 정부에만 한정되지 않는다. 기후변화정책 논의에 비정부기구^{NGOs}, 기업, 지방정부 등이 소외되었다는 문제의식이 이어졌다. UNFCCC는 도하작업계획$^{\text{Doha Work Programme}}$을 통해 기후변화에 관한 참여적인 교육과 훈련, 시민 인식, 기후 정보 접근, 시민 참여, 지역 내 및 국제 협력을 위해 정부도 정책을 만들고 재정을 투입해야 한다는 실행 방안을 담았다. 시민사회, 기업과 지방정부까지 아우르는 문제에 대해서는 비당사국 주체들의 기후행동 플랫폼인 NAZCA$^{\text{Non-State Actor Zone for Climate Action}}$를 설치하면서 논의가 확대되었다.

파리협정과 지구온난화 1.5°C 특별보고서

2015년 파리에서 세계 기후변화정책의 가장 중요한 사건이 일어났다. UNFCCC의 유럽연합을 포함한 196개 전 회원국이 '파리협정$^{\text{Paris Agreement}}$'에 만장일치로 합의한 것이다. 파리협정의 내용은 산업화 전 수준 대비 지구 평균 기온 상승을 2°C보다 현저히 낮은 수준으로 유지하는 것과 산업화 전 수준 대비 지구 평균 기온 상승을 1.5°C로 제한하기 위해 노력하는 것이다.

교토의정서는 선진국만 온실가스 배출량을 줄이는 것에 초점이 맞춰졌으나, 파리협정은 모든 당사국이 기후변화 완화와 적응 정책을 시행하기로 합의했다. 이에 따라 UN당사국은 주기적으로 스스로 기후행동목표 국가결정기여^{NDCs, Nationally Determined Contributions}를 정해서 UNFCCC에 보고한다. NDCs는 전 지구적 이행점검 GST^{Global Stocktake}에서 종합한다. 매번 제출하는 NDCs는 이전의 목표보다 진전되어야 하는 조건^{Principle of Progression}이 붙었다. 또한, 파리협정에 따라 모든 당사국은 2050년까지의 장기 온실가스 저배출 발전 전략을 제출해야 한다. 파리협정의 강화된 지구온난화 억제 목표는 2018년 IPCC가 발표한 〈지구온난화 1.5°C 특별보고서^{SR15}〉에서 과학적 근거를 다시 한번 확보했다.

〈지구온난화 1.5°C 특별보고서^{SR15}〉는 세계가 지금과 같은 온실가스 배출 추세를 포기하지 않으면 2030~2052년 사이에 전 지구 평균 표면 온도가 산업화 이전과 비교해서 1.5°C 상승할 것으로 예측했으며, 그 확률은 66%라고 발표했다. 2013~2014년에 발간한 IPCC의 〈제5차 평가보고서^{AR5}〉까지 전 지구가 2.0°C 온난화를 막지 못하면 돌이킬 수 없는 재앙을 맞게 된다고 경고해 왔는데, 〈지구온난화 1.5°C 특별보고서〉는 1.5°C 상승 또한, 인간과 자연에 상당한 피해를 줄 것으로 말하고 있다.

1992년 UNFCCC 합의 이후 갈등과 합의를 거듭해온 세계 기후변화정책은 2021년 글래스고 기후 합의 Glasgow Climate Pact 로 다시 한번 상당한 진전을 이룬다. 기후변화대응에 필요한 구체적인 정책 내용을 담은 '파리협정 세부규칙 Paris Rulebook'이 완성된다. 이에 따라 우리나라를 비롯한 선진국의 온실가스 배출량 통계 기준이 엄격해졌다. 개발도상국에 대한 선진국의 기후 재정 제공도 기후변화 완화 및 적응 지원, 피해 및 손실 보상 등을 위해 더 확대된다. 기후역량강화 행동 ACE, Action for Climate Empowerment 프로그램이 제도화되고 예산을 배정받아 더욱더 강력하게 시행된다. 비당사국 주체들의 기후행동에도 관심을 기울이기 위해 합의했던 마라케시 파트너십a Marrakech Partnership for Global Climate Action 도 재승인된다. 이로 인해 지방정부, 기업, 투자자들의 기후행동도 강화하리라 기대한다.

국내 기후변화 정책

한국은 1993년 12월 UNFCCC에 가입했다. 당시 한국은 온실가스 감축 의무가 있는 국가가 아니어서 가입 부담은 크지 않았지만, UNFCCC 가입은 기후변화에 대한 국가적 관심을 불러일으키는 중요한 계기가 된다. 특히 1998년 교토의정서에 서명한 우리나라는 증가하는 국제적 압력에 대처하기 위해서라도 기후변화 대책을 발표해야 했다.

---

a **마라케시 파트너십**: 기존의 UNFCCC의 당사국 중앙정부 협의를 넘어서서, 도시를 포함한 지방정부, 지역별 국가 모임, 기업, 투자기관, 비정부기구 등이 함께 파트너로서 기후행동을 위해 협력하는 이니셔티브(initiative).

1999년 국내 첫 번째 기후변화 정책인 〈기후변화협약 대응 종합대책〉이 발표된다. 한국 정부는 상향식 시뮬레이션 모형 LEAP Long-range Energy Alternatives Planning System 을 사용하여 미래온실가스 배출량을 처음으로 예측하고, 경제의 각 부문에서 온실가스 배출량을 줄이는 방안을 모색한다. 그러나 제1차 대책은 자신을 스스로 개발도상국 중 하나로 간주했고, '지속 가능한 성장'에 중점을 두었다는 한계가 있다.

2001년 발표한 〈기후변화협약 대응 제2차 종합대책〉에서 '지구 온난화'를 진지하게 논의하기 시작한다. 이 계획은 에너지 효율 향상 또는 에너지 절약을 위한 기술·온실가스 저배출 대체에너지 기술 개발·원자력 발전소 추가 건설이 필요하다고 주장했으며, '지속 가능한 성장'에서 '지속 가능한 발전'으로 변한다.

2005년 〈기후변화협약 대응 제3차 종합대책〉은 부문별 기후변화 '완화' 정책과 함께 기후변화에 대한 '적응' 조치도 제도화하기 시작했고, 적응 수준을 측정하기 위해 정부는 기후변화가 사람, 기반 시설 및 생태계에 미치는 영향을 모니터링하기로 한다.

네 번째 공식 정책은 이름이 바뀌어 〈기후변화대응 종합기본계획〉으로 발표되었으며, 2008년 '저탄소 녹색성장'이라는 표어를 중심으로 추진한다. 이후 〈녹색성장 국가전략〉, 〈녹색성장 5개년 계획 2009년〉과 〈저탄소 녹색성장 기본법 2010년〉의 일부로 통합된다. 녹색성장 정책은 명칭과는 달리 정작 4대강 사업이 주가 되어 비판을 많이 받지만, 확연히 달라진 국가 에너지 연구개발 예산은 재생에너지 발전의 기초를 놓는 데 도움이 되었다. 또한 〈온실가스 배출권의 할당 및 거래에 관한 법률²⁰¹²년〉에 따라 배출권거래제도 2015년 출범한다.

녹색성장 중심으로 추진된 기후변화대응은 2016년 〈제1차 기후변화대응 기본계획〉으로 다시 별도의 국가 정책이 된다. 이 계획에 2030년까지 기준안보다 온실가스 배출량을 국내 감축 25.7%, 국외 감축 11.3%, 총 37% 감축하는 목표, 이른바〈2030년 국가 온실가스 감축 목표달성을 위한 기본 로드맵〉이 포함되는데, 비판적 평가에도 불구하고 2020년 봄까지 기본 틀이 유지된다. 대통령이 바뀌고 2018년 개정된 〈2030년 국가 온실가스 감축 목표달성을 위한 기본 로드맵 수정안〉, 이를 제도적으로 뒷받침하기 위해 2019년 12월 개정된 〈저탄소 녹색성장 기본법 시행령²⁰¹⁹년 ¹²월 개정〉의 온실가스 감축 목표도 〈제1차 기후변화대응 기본계획〉과 본질적으로 큰 차이가 없다.

국내 기후변화 정책은 2020년 5월에 변화의 조짐을 보인다. 문재인 대통령이 5월 12일 국무회의에서 한국판 뉴딜에 탄소중립 사회를 지향하는 그린뉴딜ᵇ ᴳʳᵉᵉⁿ ᴺᵉʷ ᴰᵉᵃˡ을 포함할 것을 지시한다.

10월 28일, 문재인 대통령은 국회 시정연설에서 2050년까지 탄소중립을 달성하겠다고 선언한다. 이후 파리협정을 따라 2020년 12월 31일 UNFCCC 사무국에 제출한 〈대한민국 2050 탄소중립 전략〉을 포함한 정책을 발표한다.

---

b **그린뉴딜**: 탄소중립을 지향하고 경제기반을 저탄소·친환경으로 전환하는 종합정책

2021년 8월 31일 국회에서 〈기후위기 대응을 위한 탄소중립·녹색성장 기본법안〉이 가결되고, 탄소중립기본법이라는 약칭으로 사용한다. 이 법은 2050년까지 탄소중립, 2030년까지 2018년의 국가 온실가스 배출량 대비 35% 이상의 범위에서 국가 온실가스 배출량 감축을 명시하였다.

저탄소 녹색성장에서 '탄소중립'으로

〈탄소중립기본법〉에 따라 〈2030 국가 온실가스 감축 목표[NDC] 상향안〉과 〈2050 탄소중립 시나리오〉가 국내 탄소중립 정책의 현재 모습이다. 한국은 이번 상향안을 영어로 번역하여 2021년 12월 31일, UNFCCC 사무국에 공식 제출했다. 상향 NDC는 2030년까지 이산화탄소 배출량을 40%줄이는 것이 핵심 목표다.

이를 위해 온실가스 총배출량의 37%를 차지하는 '전기 및 열 생산'의 탈 탄소화가 중요하다. 정부는 석유·석탄 발전을 축소하는 대신 신재생에너지 발전을 확대한다. 암모니아 등 무탄소 연료를 발전 연료에 혼합하면 2030년까지 2018년 대비 44.4% 감축할 수 있다고 한다.

그러나 실현 방법이 구체적이지 않다. GDP 증가와 전기차 보급 확대로 2030년 발전량은 2018년보다 7% 이상 늘어난다는데, 얼마 남지 않은 시간 동안 전력망의 안정성을 유지하면서 신재생에너지를 획기적으로 늘릴 수 있는지 불확실하다. 그리고 신재생에너지 발전원의 연료전지에 들어갈 수소나 발전 연료에 혼합될 암모니아가 무탄소 연료가 되려면 생산기술의 급속한 발전과 현장 배치가 필수적인데, 관련 기술의 발전 전망이 제대로 제시되어 있지 않다. 아직 검증되지 않은 미래의 기술개발 외에, 이미 충분히 기술이 발달한 재생에너지원을 최대한 활용할 방안을 찾아야 한다.

한국이 가입한 OECD의 주요 회원국들도 적극적으로 재생에너지를 개발하고 있다. 특히 영국은 2000년대 초반만 해도 재생에너지 비율이 우리나라와 비슷한 수준이었다. 이제는 일차에너지의 13.9%, 발전량의 44.9%를 재생에너지에서 얻고 있다. 재생에너지 보급의 성공은 곧 기후변화 완화 성과로 이어진다. 우리나라의 국가 이산화탄소 배출량이 2000년에서 2019년까지 37% 증가했지만, 영국은 재생에너지의 성장을 발판으로 같은 기간에 온실가스 배출량을 35% 줄였다.

2021년 10월 확정된 〈2050 탄소중립 시나리오〉는 2050년까지 이산화탄소 배출을 'zero'로 만드는 '순배출영점화'가 목표다. 순배출영점화는 넷제로^{net zero}의 순우리말로, 배출하는 탄소량과 제거하는 탄소량을 더했을 때 순 배출량이 '0'이 되는 것을 의미한다. 이 시나리오는 상징적인 선언이 아니라 구체적인 목표와 달성 방법을 함께 제시하면서 탄소중립을 목표로 한 최초의 정부 계획이다. 온실가스 전체의 순배출량이 '0'이 되므로, '기후 중립 시나리오'로 불러도 무리가 아니다.

2050 탄소중립위원회가 2022년 3월 '2050탄소중립녹색성장위원회'로 개칭 72명의 전문가와 함께 정책 변화, 재원마련 등을 모두 고려하여 탄소중립 계획을 제시한 이 시나리오가 현실화하면, 30년 이내에 에너지의

OECD 주요 국가의 재생에너지 도입 추이
출처: IEA (2019, 2020, 2021), OECD(2021)

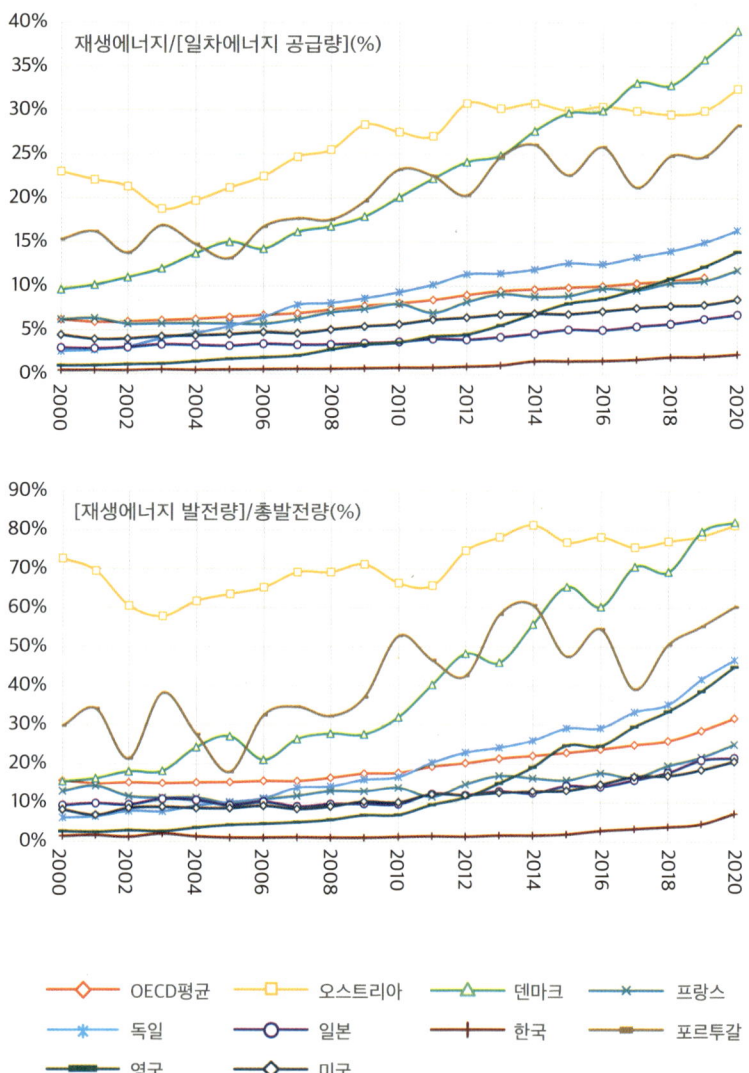

완전 탈 탄소화를 달성해야 하며 온실가스를 많이 배출하는 산업 부문의 80%를 감축해야 한다. 수송91-97% 감축, 건물88% 감축도 이산화탄소 순배출영점화 목표에 기여해야 한다.

아쉬운 것은 지금 당장 해야 하는 노력을 이산화탄소 포집 및 활용·저장CCUS과 직접 공기 포집DAC 등과 같이 검증되지 않은 미래기술에 전가했다는 것이다. CCUS나 DAC가 그 정도의 기술발전 잠재력이 있다면, 에너지전환과 생산공정 탈 탄소화 기술의 미래에도 큰 기대를 걸 수 있어야 한다. 또 중앙행정기관 부처별 칸막이 현상 때문인지, 세부 부문별 온실가스 감축 정책이 각각 따로 제시되어 있다.

앞으로 부처의 벽을 허물고 유기적으로 통합된 정책이 시너지를 일으킬 수 있다면, 지금보다 더 적은 비용으로 훨씬 짧은 시간 안에 기후 중립을 달성할 것이다. 이 문제는 국가 차원의 정책 재설계, 정부 재구축을 요구하지만 진정한 기후변화대응 목표달성을 위해서는 피할 수 없는 길이다.

탄소중립: 덜 내뿜고, 남는 배출량은 흡수하자

#독립적인 탄소중립 기구 #영국CCC

탄소중립은 2021년 우리나라 정부의 가장 중요한 목표였다. 우리나라를 비롯한 전 세계 195개국이 합의한 파리협정 목표를 달성하기 위한 실천의 첫걸음이다. 도대체 탄소중립이 무엇이길래 그렇게 강조하는 것일까?

탄소중립이란, 이산화탄소 배출량만큼 이산화탄소 흡수량을 늘려 이산화탄소 배출량을 '0'으로 만드는 것을 의미한다. 즉, 기업이나 개인이 대기로 배출한 이산화탄소를 흡수하는 정책을 만들어 마치 저울이 중립을 이루는 것처럼 이산화탄소의 순배출량을 중립 상태로 만드는 것이다. 이를 실천하기 위한 대표적인 정책으로 화석연료 안 쓰기, 에너지 절약하기, 재생에너지 사용하기 등이 있다.

13개국, 이미 탄소중립 또는 기후중립을 법제화

탄소중립 달성을 위해 탄소예산을 설정하고 2050년까지의 온실가스 감축경로를 확정한 나라들은 어디이며 무슨 과정을 거쳐서 탄소중립 계획을 만들었을까?

2022년 1월 현재 덴마크, 독일, 스웨덴, 스페인, 아일랜드, 프랑스, 포르투갈, 헝가리, 유럽연합, 뉴질랜드, 대한민국, 영국, 일본, 캐나다 등 13개국과 1개 지역연합이 탄소중립을 법제화했다. 이중 탄소중립 계획을 먼저 세우고 실행하고 있는 스웨덴, 영국, 프랑스, 덴마크, 뉴질랜드, 헝가리의 6개국의 사례를 살펴보고자 한다.

스웨덴은 2045년 탄소중립을 의무로 정하고 가장 적극적인 정책을 펼치고 있다. 그런데 탄소예산은 정하지 않고 있다. 단, 4년마다 기후행동계획을 의회에 보고하는데, 독립기구인 기후정책회의Swedish Climate Policy Council의 의견을 반영한다.

영국은 2019년 7월 '2050년 탄소중립'을 법제화했고, 독립기구인 기후변화위원회CCC, Committee on Climate Change를 만들었다. CCC는 최소한 12년 전에 5년 단위의 탄소예산을 확정하며, 정부는 CCC의 탄소예산에 맞는 정책을 만들고 의미 있는 결과를 이뤄내야 한다.

프랑스는 83%를 감축하고 나머지는 토지이용, 토지이용 변화 및 임업을 중심으로 하는 흡수원 정책으로 상쇄할 계획이다. 프랑스도 영국의 CCC를 참고하여 13명의 전문가로 구성된 독립기구인 기후고등회의HCC, Haut Conseil pour le Climat, High Council on Climate를 설치한다.

덴마크도 2050년까지 기후중립이 법제화되었다. 독립 전문가 기구인 기후변화회의Danish Council on Climate Change가 매년 달성 정도를 평가하며 정부는 평가결과에 5년마다 10년 단위의 탄소예산을 설정한다.

뉴질랜드는 탄소중립보다 강력한 기후중립을 목표로 세웠고 적어도 5년 전에 5년 단위의 탄소예산을 확정한다. 그러나 생물기원 메탄을 제외하고 있어서 축산업의 비중이 큰 국가로서 진정한 기후중립을 달성할 수 있을지 확실하지 않다.

헝가리는 2050년까지 기후중립 달성을 의무화하는 법을 제정했다. 과감한 목표이지만, 아직 구체적인 정책 시행에 대한 소식은 없다.

탄소중립·기후중립을 법률로 의무화한 국가들의 독립 기후 위원회 비교
출처: Weaver et al. (2019)

	뉴질랜드	덴마크	스웨덴	영국	프랑스
위원회 이름	Climate Change Commission (He Pou a Rangi)	Klimarådet (Danish Council on Climate Change)	Klimatpolitiska rådet (Swedish Climate Policy Council)	Climate Change Committee (CCC)	Haut Conseil pour le Climat (HCC; High Council on Climate)
위원 수	7	9	8	9+6 적용 소위	13
임기	5년	4년	최장 3년 의장=6년	5년	5년
주요 보고서	5년 단위 온실가스 예산과 기후정책 권고	매년 단기 중기장기별 기후정책 권고 보고서	매년 정부 기후정책과 온실가스 배출량 변화 평가	5년 단위 탄소예산과 기후정책 권고	5년 단위 탄소예산과 기후정책 권고
정부의 위원회 의견반영 의무	위원회에 정책 권고를 참고해 온실가스 예산 수정	위원회의 권고 정책에 매년 공식 답변	4년마다 의회에 보고하는 '기후행동계획'에 위원회 의견 반영	위원회의 권고 정책에 공식 답변	위원회의 권고 정책에 매년 공식 답변

탄소중립·기후중립을 법제화한 국가들은 헝가리를 제외하면 기후변화 정책을 평가하고 정부에 조언하는 위원회의 설립을 의무화한다. 법률마다 위원회를 설립하고, 그 위원회들을 특별히 '독립' 기구라고 정의하는 이유가 있다. 특정 정권의 뜻에 따라 위촉된 위원회의 결정은 독립성이 없어 정치적인 상황에 따라 시행이 어려워지기도 하는데, 이를 예방하기 위한 '독립'기구다. 독립적이지 못한 위원회가 제시한 온실가스 감축 경로는 다른 정권에서 버려지기 일쑤다. 유럽연합도 법률로 독립성을 인정받는 기후위원회가 필요하다는 주장이 나오고 있다.[3]

최근의 핀란드 연구 결과를 종합하면, 이 독립 위원회들은 크게 다음의 기능을 수행한다.[4]

- 기후정책과 온실가스 배출량에 관한 현 상태 평가
- 가장 비용효과적인 온실가스 감축 정책 조사
- 도입을 고려하는 온실가스 배출량 감축 정책 분석
- 온실가스 배출량 감축 정책 추천
- 기후변화 정책에 관한 공공 토론에 참여

영국 기후변화위원회가 성과를 거둔 요인

탄소중립이나 기후중립을 법제화한 나라들은 탄소예산을 정해야 한다. 그러나 국가 대부분이 2019~2020년에 법률을 제·개정해서 실제로 탄소예산과 감축경로가 나온 나라는 영국과 프랑스

뿐이다. 프랑스의 HCC는 출범한 지 얼마 되지 않아서 5년 단위 탄소예산을 담은 보고서가 아직 나오지 않았다. 그래서 영국의 탄소예산을 정하는 기후변화위원회, CCC의 역할을 깊게 들여다본다.

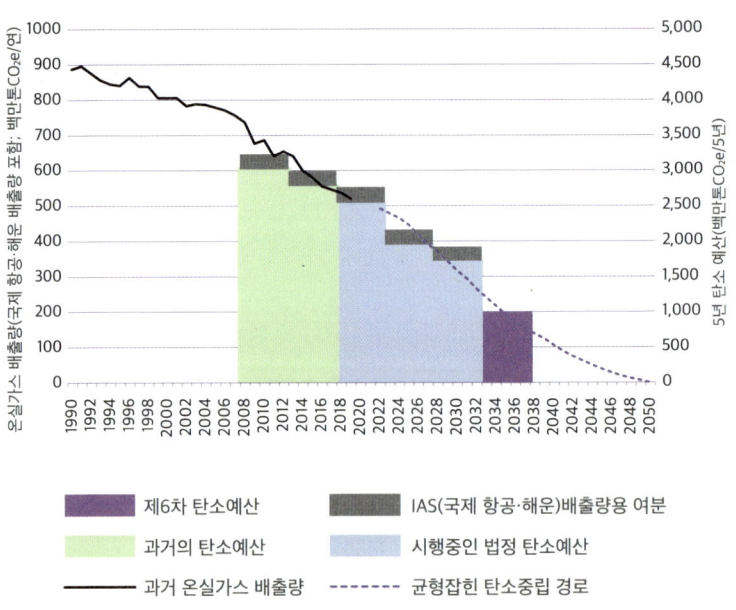

영국의 1~6차 탄소예산
출처: CCC (2020)

영국 CCC는 5년마다 영국의 탄소예산을 평가하고, 배출권거래제 대상 및 비적용 대상을 합하여 부문별 예산 달성 목표를 제시한다. CCC 웹사이트는 전체 탄소예산 보고서 외에 육상 수송, 건물, 제조·건설업, 전력 생산, 연료 공급, 농업, 항공, 해운, 폐기물,

온실가스 등 부문별 순배출영점화 경로 보고서를 공개한다. 2008년부터 5년 단위로 제시한 탄소예산이 탄소중립을 향해 꾸준히 감소하고 있는 것으로 보고서의 신뢰성을 더하고 있다.

다른 5개국과 다르게 영국의 CCC만의 차별성이 한 가지 있다. 영국이 잉글랜드, 스코틀랜드, 웨일스, 북아일랜드를 합한 4개 구성국의 연합이기 때문에 독립성을 보장받을 수 있는 조건을 충족한다. 영국의 집권세력은 주로 잉글랜드에 많이 좌우되기 때문에, 다른 3개 구성국의 생각을 반영한 위원회를 구성하면 정부의 입김이 줄어들고 독립성을 강화할 수 있다. 영국 사례를 참고해서 기후변화 위원회를 설립하려는 나라는 CCC보다 제도적으로 더 강력한 독립성을 부여해야 기후정책 기구의 역할을 제대로 수행할 수 있다.

또한, 사무국에 기후변화 완화와 적응 세부 주제별 분석 연구를 담당하는 상근직원들이 있다. 특히 CCC 사무국은 모든 직원을 자체 채용한다. 우리나라에서 정부 자문위원회의 사무국 직원 상당수를 관련 중앙부처에서 파견하는 것과 비교된다.

마지막으로, 영국 정부의 부처 간 협력체계는 CCC가 신뢰할 수 있는 탄소예산을 도출하는 데 큰 도움을 주었다. 영국 정부는 2009년에 중앙부처 사이에 경제모형 및 분석 연구 공유에 관한 업무협약을 체결하고 부처 간 분석관 그룹[IAG, Inter-Departmental Analysts Group]을 운용했다. CCC의 사무국도 IAG에 참여하여, CCC가 국가의 온실가스 배출량과 기후정책의 현황과 전망을 정확히 파악하는 데 핵심적인 역할을 했다. 이러한 협력체계가 있어서 CCC가

제시하는 정책이 정부와 국가의 상황을 제대로 반영할 수 있었다.

화석연료에 의존해 발전해 온 우리나라의 '탄소중립'은 30년 뒤에 갑자기 달성할 수 없다. 지금 당장 촌각을 다투며 치밀하게 시행해야 한다. 법률로 탄소중립이나 기후중립을 의무화한 나라들도 실제 이행은 만만치가 않다. 프랑스만 해도 2019년에 나온 HCC의 첫 번째 연간 보고서가 탄소중립이라는 목표에서 많이 벗어나 있다고 비판받았다.[5]

앞서 기후행동을 실천하는 국가들의 사례를 참고해서, 국내 탄소중립 법제화, 독립되고 충분한 역량을 갖춘 기후변화위원회 설립, 정부 부처 간 협력의 체계화 등을 제도화해야 할 것이다.

금융시장의 흐름을 바꿀 기후변화

#녹색분류체계 #탈탄소

전 세계 주요 국가와 지역이 2050년까지 이산화탄소 순배출영점화$^{net\ zero}$를 선언하고 속속 법제화하고 있다. 국제적으로 사업하는 기업은 지금 당장 해법을 마련해야 할 정도로 상황이 빠르게 변하고 있다. 국제 금융 정책에서 믿을 수 있는 탈 탄소 대책을 제시하지 않는 기업은 자금의 흐름이 끊기는 위기를 맞이할 수 있다.

기후변화 관련 재무정보 공개

TCFD$_c$$^{Task\ Force\ on\ Climate-related\ Financial\ Disclosures}$는 금융시장 투자자, 대출기관, 보험업자 등이 기후변화 관련 위험의 가격을 정확히 책정할 수 있도록 일관성 있는 정보 공개를 목표로 한다. TCFD 권

---

c **기후변화와 관련된 재무정보 공개를 위한 태스크포스(TCFD)**: 파리협정 체결 후 2016년 1월 은행, 보험회사, 자산 운용사, 연기금, 비 금융계 대기업, 회계·컨설팅 회사, 신용평가기관 등으로 구성된 임시 조직.

고안을 따르는 기업이나 조직은 지배구조, 전략, 위험 관리, 지표 감축목표로 나누어 기후변화와 관련된 재무·금융정보를 공시해야 한다.

기후변화와 관련하여 공개해야 하는 재무정보 핵심 요소
출처: TCFD (2017)

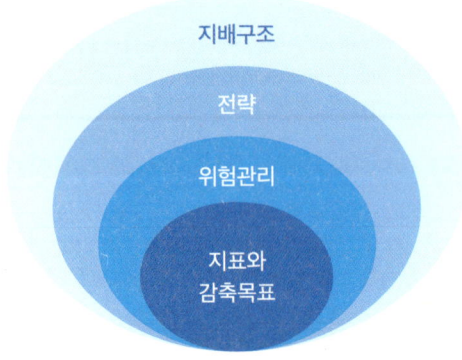

지배구조: 기후변화 관련 위험과 기회에 대한 조직의 지배구조
전략: 기후변화 관련 위험과 기회가 사업, 전략, 재무계획에 미치는 실질적·잠재적 영향
위험 관리: 기후변화 관련 위험을 파악·평가·관리하기 위해 조직이 사용하는 프로세스
지표와 감축목표: 기후변화 관련 위험·기회를 평가하고 관리하는 것

TCFD는 2020년 현황보고서에서 공개 권고 정보의 항목별 유용성을 전문가들에게 설문했다. 설문 결과를 보면 상위 정보일수록 투자를 유치하려는 기업들이 공개해야 하는 압력이 높을 것으로 예상한다. 예를 들어, 자금이 필요한 기업들은 사업이나 전략이 기후 관련 문제에 어떤 영향을 받을지에 대해 분명하고 신뢰성 있

는 분석 자료를 제시해야 한다. 그렇게 하지 않으면 투자금이 줄어들고 그 자금이 기후변화에 더 잘 대응하는 경쟁 기업으로 흘러갈 수도 있기 때문이다.

TCFD 공개 정보 항목별 유용성

출처: TCFD(2020)

유용성순위	권고안	공개 권고 정보
1	전략	b) 기후 관련 문제의 사업과 전략에 미치는 영향 설명
2	지표와 감축목표	a) 가장 최근 기간과 과거 장기간에 걸친 기후 관련 문제에 대한 주요 지표 공개
3	전략	a) 각 부문 및 지역별로 파악된 중요한 기후 관련 이슈 설명
4	지표와 감축목표	b) 가장 최근 기간과 과거 장기간에 걸친 Scope 1 온실가스 배출량(직접 배출하는 모든 GHGs)을 공개
5	지표와 감축목표	c) 온실가스 배출량에 영향을 끼치는 기후 관련 목표 설명
6	전략	a) 파악된 중요 기후 관련 이슈 설명
7	지표와 감축목표	b) 가장 최근 기간과 과거 장기간 Scope 2 온실가스 배출량(구매하는 전기·열·증기의 소비로 인해 간접 배출하는 GHGs)을 공개
8	지표와 감축목표	c) 기후 관련 목표가 적용되는 기간 설명
9	지표와 감축목표	c) 기후 관련 목표달성 상황을 평가하는 데 사용되는 핵심 성과 지표 설명
10	지배구조	a) 주요 자본지출, 인수와 매각에 대한 기후 관련 문제의 이사회의 고려사항 설명

친환경 경제활동의 지표, 녹색 분류체계

녹색 분류체계는 투자자가 '무늬만 녹색인 경제활동green washing'

에 현혹되지 않도록 책임 있는 기관이 명확히 녹색 경제활동의 경계를 그어주며, 기후변화대응 여부를 최우선 판단 기준으로 본다. 유럽연합의 '지속 가능한 활동 분류체계Taxonomy: a classification system for sustainable activities'에서 녹색 경제활동의 기준을 알 수 있다.

> '지속가능한 활동' 범주 중 환경 관련 기준
> A. 6가지 환경목표 중 적어도 1가지 목표에 상당히 이바지한다.
> B. 나머지 다른 환경목표들에 유의한 해를 끼치지 않는다.
>
> EU 지속가능한 활동 분류체계의 목적에 부합하는 6가지 환경 목표
> Ⅰ. 기후변화 완화
> Ⅱ. 기후변화 적응
> Ⅲ. 수자원·해양자원의 지속가능한 사용과 보호
> Ⅳ. 순환경제로의 이행, 폐기물 방지, 재활용
> Ⅴ. 오염 방지 및 통제
> Ⅵ. 건강한 생태계 보호

유럽연합 분류체계에서 기후변화 완화Ⅰ와 기후변화 적응Ⅱ을 반드시 만족해야 한다. 3~6번째 기준을 만족하는 기업도 이 두 가지 기후변화대응을 심각하게 위협하면 지속 가능한 활동을 하지 않는 것으로 판단 받는다. 예를 들면, '오염 방지 및 통제' 기술만을 쓰는 기업이라면 그 활동이 무조건 환경목표를 만족할 것 같지만, 오염 방지를 위해 화석연료를 많이 쓰면 환경목표 중 기후변

화 완화[I]와 기후변화 적응[II]에 부정적 영향을 끼칠 수 있으므로 지속 가능한 활동으로 인정받기 힘들다. 또 석탄, 폐기물 소각을 통해 에너지를 얻는 것 역시 기후변화 완화 및 적응에 해를 입힐 수 있어 지속 가능한 활동에서 제외된다. 논란이 되는 원자력이나 천연가스는 어떨까? 현 단계에서는 원자력과 천연가스를 지속 가능한 활동에 한시적으로 transitional activities 포함하되, 원자력은 위험부담이 있는 기술이므로 안전한 연료를 쓰도록 설비를 강화하는 조건을 추가했다.

2021년 12월 30일, 환경부에서 한국형 녹색 분류체계를 발표했다. 재생에너지 생산, 무공해 차량 제조, 수소 환원 제철 등 64개 경제활동과 장기적으로 연구와 개발이 필요한 기술도 포함됐다. 국제 기준에 맞춰 원자력 발전은 제외되고, LNG 발전은 포함되었다. 에너지 소비가 많은 산업은 앞으로 사업 계획에 큰 변화가 있을 것으로 예상된다.

자산투자가, 자산운용사의 압력

제도적 변화들이 국내 기업의 경영 활동에 강제력이 미칠 때까지 시간이 걸리겠지만, 현재도 '정부'에 영향을 미치는 압력이 있다. 기후변화대응에 적극적인 세계적인 자산투자가와 자산운용사들이 국가들과 공공기관, 기업들에 투자의 조건으로 기후변화대응을 요구하기 시작했기 때문이다.

세계 자산투자가와 자산운용사들의 모임인 IIGCC유럽, IGCC오세아니아, AIGCC아시아가 환경 책임 경제연합 세레스Ceres, 탄소 정보 공개프로젝트^{CDP}, UN 책임투자원칙 기구^{PRI}와 더불어 문재인 대통령에게 서한을 보냈다.

"저희 글로벌 투자자 그룹들은 한국이 올해 제출하게 될 수정된 국가 감축목표^{NDC}에 보다 신속하고 전향적으로 2030년까지의 단기 목표를 수립할 필요가 있다고 강조하고자 합니다. 또한, 더불어민주당에서 공약한 그린뉴딜 정책을 조속히 시행하기를 기대합니다.[6]"

선후 관계는 확실하지 않지만, 이러한 자산투자가와 자산운용사의 움직임때문에 대통령이 "국제사회가 그린뉴딜에 대한 한국의 역할을 적극적으로 원하고 있다"고 부연하면서 그린뉴딜을 한국판 뉴딜에 포함하라고 지시하는 데 영향을 미쳤을 수도 있다.[7]

이미 UN에서는 이러한 자산투자가들의 영향력을 중요하게 여기고 주도적으로 그 힘을 모으고 있다. 더 확실한 기후행동 합의를 이끌기 위해, 2019년에 적극적으로 기후변화에 대응하는 세계적인 자산투자가들의 연합을 결성했다.[8] 'UN소집 탄소중립 자산 소유자 연합^{United Nations-convened Net-Zero Asset Owner Alliance}'이라고 불리는 이 연합은 연금기금, 알리안츠, 뮌헨 리^{Munich RE}등의 보험·재보험 회사, 영국성공회 펀드 등의 종교·자선 자산 등 33개 투자가가 참여한다.

그들의 자산 포트폴리오는 2020년 기준으로 5천 100억 달러, 한화 약 580조로 추정된다. 연합은 2050년까지 투자 포트폴리오를 '이산화탄소 순배출영점화'로의 전환을 약속했다.

또한, 세계 지속 가능 발전기업협의회^{WBCSD, World Business Council for}

Sustainable Developmet와 세계지원연구소WRI, World Resources Institute에서 고안한 'Scope1~3'이라는 분류 기준을 통해 직·간접배출량과 기타배출량을 함께 고려해서 2050년까지 이산화탄소 순배출영점화가 되도록 하는 기준Inaugural 2025 Target Setting Protocol을 발표했다.

'Scope'은 온실가스 배출원을 3가지로 분류한다. 'Scope1'은 온실가스를 직접 배출하는 직접배출량이며, 석탄·석유 등 에너지 직접 사용에 해당한다. 'Scope2'는 전력·가스 등의 에너지를 사용함으로써 간접적으로 온실가스를 배출하는 인간 활동을 의미한다. 'Scope3'은 원자재 수급·부품생산, 유통·판매 등을 포함해 Scope2에서 다루지 않은 기타 간접배출량이다.

세계 2위의 연기금 노르웨이 국부펀드GPFG에도 UN 소집 탄소중립 자산 소유자 연합에 가입해서 기후변화대응의 진정성을 증명하라는 여론이 있는 것으로 보아,[9] 세계 3위의 연기금으로 자부하는 우리나라 국민연금NPS에도 점점 더 국내외에서 기후변화대응을 위한 포트폴리오 수정 압력이 가중할 것으로 예상된다.

이러한 흐름은 일부 친환경 금융기관들만의 논의에 그치지 않을 것이다. UN 소집 탄소중립 자산 소유자 연합의 활동을 뒷받침할 수 있는 탄소 배출량 인벤토리 표준이 발표됐다. 탄소회계 금융협의체가 발표한 회계 표준Global GHG Accounting and Reporting Standard for the Financial Industry은 금융기관이 투자하거나 대출할 때 온실가스 배출량을 산정하고 보고하도록 정하고 있다. 한국환경공단에서 만든 '지자체 온실가스 배출량 산정지침'이 앞서 소개한 세계자원연구소WRI, World Resources Institute의 온실가스 보고 국제 인증 기준GHG Protocol

인증 2단계를 통과했기 때문에, 추후 국내 공공기관이나 기업의 사업 투자를 평가할 때 상호 검증에 쓰일 가능성이 있다.

아직 협의체 수준이지만 전 세계 중앙은행들과 감독기구들이 2017년 기후 및 환경 관련 금융 리스크 관리를 위해 결성한 논의체인 '녹색 금융네트워크 NGFS, Network for Greening the Financial System'도 기후변화의 경제적 영향을 정량화한 보고서를 잇달아 발표하면서 통화정책의 변화를 예고하고 있다.[10] NGFS는 2019년 한국은행이 가입했고, 미국 연방준비은행도 바이든이 당선되자마자 2020년 12월 가입했다. 바젤 은행감독위원회 BCBS, Basel Committee on Banking Supervision 도 2020년에 기후로 인한 금융 리스크의 분석·대응을 위해 고위급 조직 TFCR, Task Force on Climate-related Financial Risks 을 신설했다. TFCR은 은행 감독의 관점에서 기후 위험의 파급 경로, 리스크 측정 방법론 등에 대한 보고서를 2021년 중반에 공개했다.[11] 실로 금융 부문의 탈탄소화가 전방위적으로 추진된다고 해도 과언이 아니다.

이런 변화를 우리나라의 금융기관도 따라가게 될 것이다. 재무·금융정보 공시 항목, 지속 가능한 경제활동 포함 기준, 국외 투자자의 압력, 중앙은행의 통화정책 기조 등이 기후변화대응과 맞물린다면 탈 탄소 행동을 머뭇거리는 산업은 앞으로 자금 마련에 어려움을 겪을 수밖에 없다. Scope1~3을 모두 고려하는 온실가스 배출량 감축은 많은 기업에 당장은 거의 불가능해 보이는 신규 규제로 보일 수도 있다. 그러나 발상의 전환을 통해 금융 환경의 변화를 앞서 나가면 기업의 장래가 더 밝아지리라 믿는다.[12]

탄소 가격제: 탄소에 가격을 매길 수 있을까?

#탄소세 #배출권거래제

IPCC는 탄소 배출량에 가격을 분명히 매기면 비용효과적으로 이산화탄소 배출량을 줄일 수 있을 뿐만 아니라 다른 정책들^{규제, 보조금, 표준 등}과도 시너지효과를 내어서, 2030년까지 국가들이 약속한 온실가스 감축량^{NDCs}보다 매년 최대 100억 이산화탄소 상당량톤의 온실가스를 더 줄일 수 있다고 전망한다.[13] 노벨 경제학상 수상자 조지프 스티글리츠^{Joseph Eugene Stiglitz}와 니콜라스 스턴^{Nicholas Stern}도 세계은행의 의뢰로 쓴 보고서에 '효율적인 방식으로 배출량을 줄이는 데 없어서는 안 될 정책'으로 '잘 설계된 탄소 가격'을 제시했다고 말했다.[14]

탄소 가격제의 종류

탄소가격제는 환경오염을 일으킨 주체가 오염으로 인해 발생하는 피해의 복구비용을 부담하는 것이다. 기업이나 산업체에 할당된 탄소사용량 이상으로 탄소를 사용하면 배출한 탄소의 양에 따라 비용을 지불한다.

　탄소 가격은 이산화탄소나 온실가스 배출량의 이산화탄소 상당량에 대해 톤당 금액을 부과한다. 이산화탄소 상당량이 많을수록 기후변화를 촉진하기 때문에 이산화탄소 배출량이 많은 기업·산업체일수록 탄소비용을 많이 지불해야 한다. 대표적인 탄소 가격제로 탄소세와 배출권거래제가 있다.

　'탄소세'는 이산화탄소 상당량d 1톤당 일정액에 세금을 부과하는 것이다. 스웨덴, 스위스 등에서 시행하고 있다. 이렇게 걷힌 세금은 환경복구를 위해 사용한다.

　그다음, '배출권거래제'가 있다. 정부가 사업체에 일정 기간 온실가스를 배출할 권리를 주고, 배출량의 상한선을 정한다. 상한선을 넘지 않는다면 다른 기업에 온실가스 배출권을 판매할 수 있다. 그러나 상한선 확보한 배출권보다 사업체의 온실가스 배출량이 많다면 여분이 있는 업체로부터 배출권을 구매해야 한다. 예를 들면 배출량 상한선이 100이라고 했을 때, 80을 사용하였다면 나머지 20을 다른 기업에게 판매할 수 있다. 탄소세보다 시장경제에 어울리는 정책으로 알려졌으며, 유럽연합이 2005년, 우리나라가 2015년부터

---

d **이산화탄소 상당량**: 서로 다른 온실가스의 배출량에 '각 온실가스가 기후변화에 미치는 영향의 이산화탄소 영향력('1'로 정의)에 대한 상대적 크기'(=지구온난화지수, Global Warming Potential, GWP)를 곱한 값. 예를 들어, IPCC(2021)는 메탄 배출량에는 27.2(비화석연료 메탄)~29.8(화석연료 메탄), 아산화질소 배출량에는 273을 곱한다.

탄소가격제도, 가격제 적용 범위, 가격제별 국가·지역 수입
출처: World Bank (2021)

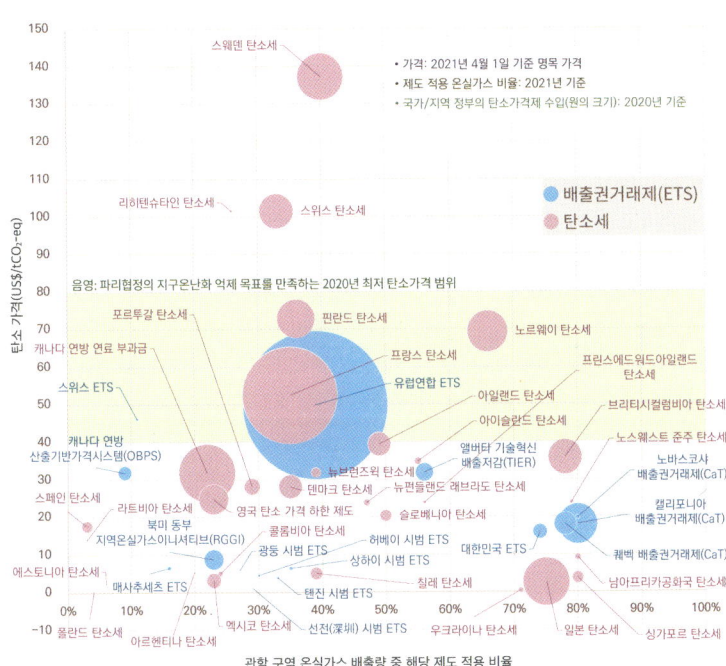

시행 중이다.

세계은행에 따르면 2021년 4월 1일 기준, 전 세계에 37개의 탄소세, 30개의 배출권거래제를 시행한다. 탄소 가격 정책의 영향력은 탄소 가격, 적용 범위, 정부 세수稅收의 조합으로 달라진다.

탄소세를 살펴보자. 전 세계에서 가장 탄소 가격이 비싼 스웨덴이 이산화탄소 상당량 1톤당 133.26달러를 부과한다. 탄소세를 내야 할 사업체들의 온실가스 배출량은 스웨덴 전체의 40%를 차지한다. 스웨덴 정부는 2019년 이 제도를 통해 23억 1천 400만 달러의 세수가 생겼다.

캐나다 퀘벡주나 미국 캘리포니아주의 배출권거래제는 각 주 전체 배출량의 85%를 차지하는 사업체에 배출권을 발급하고 서로 배출권을 거래하게 한다. 캐나다와 미국의 배출권 시장은 연계되어 있어서 배출권 가격은 이산화탄소 상당량 1톤당 16.89 미국 달러다. 정부의 수입은 서로 달라서 2019년에 캘리포니아주가 30억 6천 500만 달러, 퀘벡이 9억 6천 900만 달러를 제도를 통해 거두어들였다.

한국은 2021년 4월 1일 기준 배출권 가격이 이산화탄소 상당량 1톤당 15.89달러^{당시 1만 8천 원}이고, 정부는 배출권 유상경매 등을 포함해 이 탄소 가격제도를 통해 1억 7천 900만 달러, 한화 약 2천 80억 원을 거두어들였다.

한국의 탄소 가격제

한국의 배출권거래제는 2012년 〈온실가스 배출권의 할당 및 거래에 관한 법률〉, 약칭 배출권거래법이 제정되면서 도입되었다. 이후 각종 제도와 기술적인 준비를 거쳐 2014년 9월에 처음으로 업종별 배출권 할당량이 확정된다.[15]

배출권 할당 대상업체는 어떻게 정할까? 기본적으로 온실가스를 많이 배출하는 업체 혹은 사업장이 할당 대상이다. 계획 기간에 시설의 신설·변경·확장으로 새롭게 3년 평균 배출량 기준을 초과하는 업체는 추가로 할당 대상업체가 된다. 2015년 처음 할당된

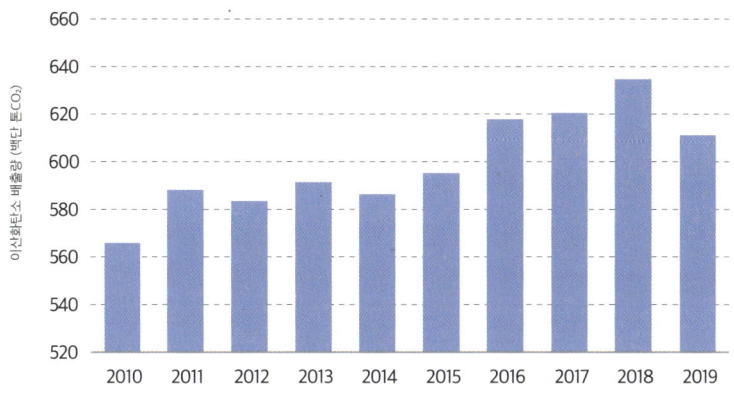

배출량은 약 5억 4천 323만 tCO$_2$-eq이었는데, 이는 그해 우리나라 전체 온실가스 배출량 6억 9천 290만 톤의 78%를 차지했다.[16] 그런데 2015년부터 배출권거래제를 시행했고 참여기업의 온실가스 배출량이 국가 전체 배출량의 70% 정도를 차지하는데, 이산화탄소 배출량은 2018년까지 감소하지 않았다.

이산화탄소 배출량 추정에 가장 권위를 인정받는 글로벌 탄소 프로젝트 GCP, Global Carbon Project에서 2020년 12월 발표한 2019년 국가별 배출량에 따르면, 우리나라는 화석연료 연소와 시멘트 생산 과정에서 이산화탄소 6억 1천 126만 톤을 배출했다.[17]

IPCC의 지구온난화 1.5℃ 이내 억제 목표 달성을 위해 제시한 기준을 만족하려면 우리나라가 2030년까지 이산화탄소 배출량을 3억 1천 128만 톤까지 감축해야 한다. 온실가스 감축도 만만치가 않다. 정부의 온실가스 감축 목표[NDC, Nationally Determined Contribution] 기준 해인 2018년 이산화탄소 배출량은 6억 6천 470만 톤[전체 온실가스 배출량은 7억 2천 760만 톤]이다. 이와 비교하면 2030년까지, 즉 12년 동안 53.1%를 감축해야 국제 기준에 맞출 수 있다.

국내 배출권거래제의 효과가 미미한 이유는 무엇일까? 우리나라는 제도 초기에 배출권을 상한선[cap]의 100%만큼 무상으로 할당했다. 그러다 보니 제도 도입 초기에는 기업들이 굳이 온실가스 배출량을 줄일 경제적인 이유가 크지 않았다.

또 국내 배출권거래제는 외국의 탄소세보다 탄소 가격이 낮아서 가격 신호를 충분히 주지 못한다. 제도가 전체 배출량의 70%를 차지하는데도 무상 할당 비율이 높아 실질적인 세수 확보가 어렵다.

탄소 가격 도입으로 발생하는 불공정성 완화 등에 쓸 수 있는 재원 마련도 쉽지 않다. 전체 배출권의 43%가 경매를 통해 유상으로 할당되는 유럽연합 배출권거래제[EU-ETS]나 이산화탄소 배출량에 대해서는 원천적으로 세금이 부과되는 탄소세와 비교해, 무상할당 비율이 큰 한국의 배출권거래제는 온실가스 배출량을 줄이는 역할에 한계가 있을 수밖에 없다.

그러나 정부가 탄소배출권을 무상으로 할당한 이유도 있다. 세계적으로 탄소 가격이 시행되지 않으면 일부 사업체는 탄소 가격 제도가 없는 나라에서 제품을 생산해 비용을 줄이는 탄소 누출[carbon leakage]이 발생한다. '이 문제가 자국 내 사업체의 경쟁력을 해칠 것'이라는 우려는 한국 뿐 아니라 유럽연합도 가지고 있다.

이것이 배출권거래제 시행 초기에 대부분의 배출권을 무상할

탄소 누출을 완화하기 위한 탄소 가격 제도의 보완책들

출처: Sturge, D (2020)

탄소표준 (탄소량·탄소집약도)	탄소가격	탄소 보조금
최소기준 충족 의무화	탄소세 환급/면제	저탄소 공공 조달
생산자 국경표준	배출권 무상할당	탄소 가격차 환급 계약
구매자 국경표준	탄소 국경조정 매커니즘	저탄소 기술개발 직접 지원
유연한 규제 준수		
국경표준 준수 생산자 유인책		
국경표준 미달 생산자 유인책		

당한 이유다. 그래서 각국은 탄소 누출을 완화하는 탄소 가격의 보완책 마련을 고심한다. 유럽연합이 입법을 추진 중인 탄소국경조정메커니즘 CBAM, Carbon Border Adjustment Mechanism 이 대표적이다.

국내 배출권 할당업체들에 대한 설문 조사 결과를 보면, 국가 내에서도 문제가 발생한다. 예를 들어, 우리나라 배출권 할당업체들에 대한 설문 조사 결과[18]에서 업체들은 제도 개선 방향으로 정부

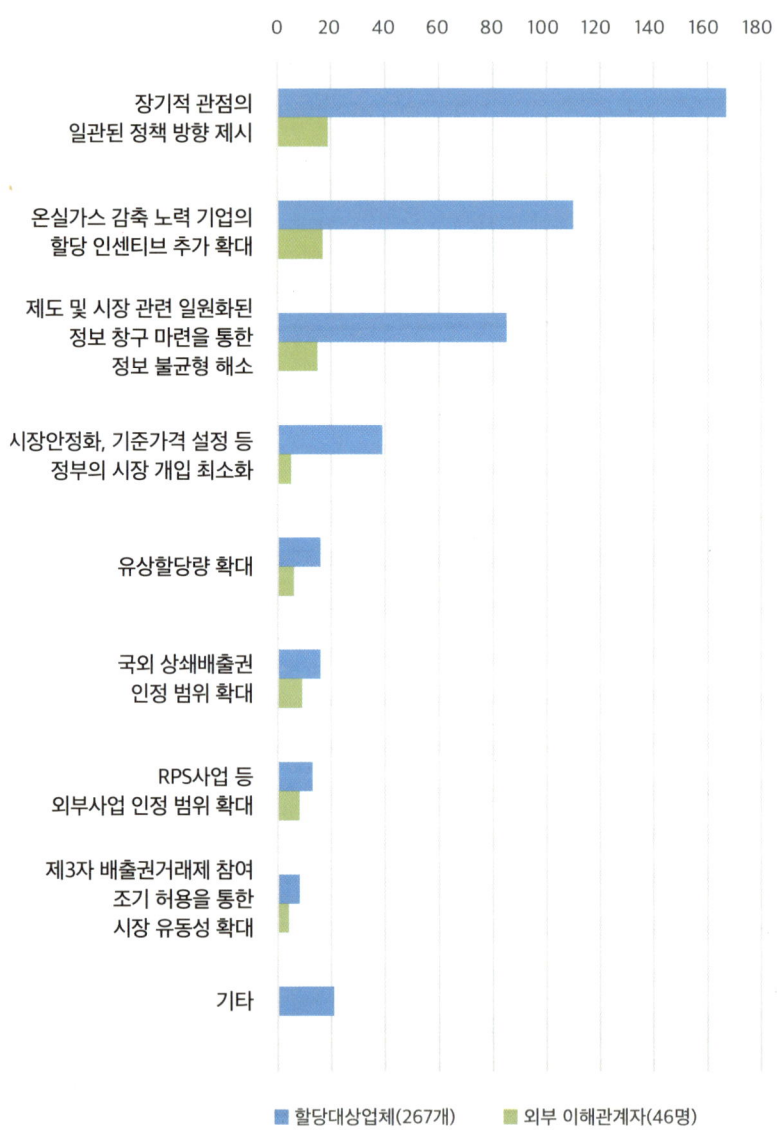

의 시장 개입 최소화 등 일관된 정책을 가장 중요하게 생각한다. 할당 인센티브 확대와 정보 불균형 해소 등도 해결할 과제로 보인다.

탄소 가격 자체의 문제

최근 일부 학자는 탄소가격 정책의 한계를 지적했다. 시장의 효율성을 추구하는 탄소 가격의 점진적인 변화로는 기후위기의 시급성을 해결하기 어렵다는 주장이다. 기존의 탄소 가격 정책이 제때 에너지전환을 달성하지 못함에 따라 수명이 수십 년 되는 화석연료 설비가 계속 신설되었고, 이산화탄소 배출을 고착하는 탄소자물쇠carbon lock-in 효과를 막지 못했다.[19] 기존 탄소 가격 정책의 문

탄소가격 정책과 지속가능 전환 정책 비교
출처: Rosenbloom et al. (2020)

	탄소 가격 정책	지속 가능 전환 정책
개념의 기원	신고전 경제학 (neoclassical economics)	혁신 연구, 진화 경제학, 제도이론 (institutional theory)
문제와 해결 방향	기후변화는 시장실패의 문제 → 제대로 된 신호를 시장에 주기 위해 탄소에 가격을 매김	기후변화는 시스템의 문제 → 사회기술 체계를 근본적으로 변혁함
정책 우선사항	효율(경제 전반 비용 최소화로 탄소 배출량 감축)	효과(되도록 빨리 배출량 줄임)
혁신 접근법	점진적 변화, 간접적 혁신 장려	변혁적 변화, 직접적 혁신 장려
고려 맥락	보편성(모든 지역과 부문에 탄소 가격 적용)	맞춤형(지역·부문별 상황에 맞게 정책 수립)
정치적 협력	정치적 현실 고려한 세수 환원 (revenue recycling)	대안 창출, 지원 연대세력 형성

제점 개선에 '지속 가능 전환 정책'의 새로운 요소들을 진지하게 검토하고 반영해야 온실가스 배출량을 실질적으로 줄이는 데 도움이 될 것이다.

탄소 가격의 불안한 점은 전 세계 가격 정책의 '효과' 달성 여부가 파리협정의 합의 여부에 좌우된다는 것이다. 파리협정은 선진국이 효율적으로 온실가스 배출량을 감축하고 개발도상국과 최빈국이 선진국과의 자발적 협력을 통해 '조건부NDC[NDC, Nationally Determined Contribution]'의 배출량 감축 목표까지 달성함으로써 온실가스 배출량을 극대화할 기회를 제공할 것으로 보았다. 그러나 협정 합의 후 5년이 넘게 지났지만, 아직 구체적인 시행 방안이 나오지 않았다. 잘 될 것이라는 낙관주의도 좋지만, 그렇지 못할 때를 대비해야 한다. 지속 가능 전환 정책과 같은 근본적인 대안을 고민하고 시민의 사회급변 행동과 같은 장기적인 대책들을 동시에 마련해야 한다.

탄소에 가격을 매기고 부과하는 것은 아직 논란의 중심에 있으며, 많은 보완이 필요한 제도다. 탄소 가격제는 화석연료과 그에 따른 온실가스 배출을 기반으로 발전했다. 기후변화 해결을 위해 기존 시스템의 전환이 필요하며 탄소에 가격을 매기는 것 이전에 기후변화 완화를 위한 세계 에너지 시스템의 변화가 선행되어야 할 것이다.

쇼크테라피:
고농도 미세먼지 대응

#석탄 발전소 가동 중지　#배출가스 5등급 차량 제한

　　점점 심해지는 고농도 미세먼지에 전 국민이 고통받고 있다. 따라서 정부에 강력한 대책을 요구하는 목소리도 커지고 있다. 미세먼지 대책은 과거에도 여러 번 발표했지만, 여전히 미세먼지 농도가 높아 실효성에 많은 의문이 제기되었다. 정부는 〈미세먼지 관리 특별대책2016〉, 〈미세먼지 관리 종합대책2017〉, 〈비상·상시 미세먼지 관리 강화대책2018〉까지 더 강력해진 대책을 시행해 왔다. 결과적으로 미세먼지의 연평균 농도는 2016년부터 조금씩 좋아졌으나, 고농도 미세먼지 발생일은 오히려 증가하고 농도 최고치도 악화하여 정부 정책이 신뢰를 받지 못하고 있다.

　　2019년 3월, 바른미래당 손학규 대표가 반기문 전 UN 사무총장을 위원장으로 하는 범사회적 기구 설립을 문재인 대통령에게 제안했다. 그리고 대통령 직속위원회 〈미세먼지 문제 해결을 위한 국가기후환경회의국가기후환경회의〉가 출범했다. 3월 말 문재인 대통령의 요청을 수락한 반기문 전 UN 사무총장은 미세먼지 문제 해결이 국가에 대한 마지막 봉사 기회로 생각한다는 굳은 각오를 밝히면서 위원장을 맡았다. "좀 과격하다 싶을 정도의 담대한 '쇼크테라피', 즉 충격요법에 해당하는 단기 대책을 9월까지 마련하겠다."라고 했다. 그 결과 10월에 200쪽이 넘는 〈국민이 만든 미세먼지 대책, 국가기후환경회의 국민정책제안〉을 발표했으며, 500여 명의 국민정책참여단과 130여 명의 전문가의 의견을 종합했다.

고농도 미세먼지 발생을 줄이는 강력한 정책이 눈에 띄는데, 가장 주목할 만한 대책은 석탄발전소 가동 중지다. 국내에서 초미세먼지를 가장 많이 배출하는 것은 석탄 화력발전소이며, 2016년 기준 국내 전체 초미세먼지 발생량의 10%인 3만 4천 7백여 톤을 배출했다. 석탄을 쓰는 지역난방설비를 제외하면 국내에는 58기의 석탄 화력발전소가 있다. 그중 최대 14기, 더불어 미세먼지가 가장 심한 3월에는 최대 27기의 가동을 중단하겠다고 밝혔다.

또 수도권과 인구 50만 이상 도시에서 2021년 12월부터 3월 사이에 배출가스 5등급 차량의 운행을 제한하고, 고농도 주간예보 시에는 차량 2부제도 병행한다. 국내 5등급 차량은 규제에서 예외를 인정받는 생계형 차량을 제외하고 약 114만대이니, 결코 적은 숫자가 아니다. 또 서울시는 중구와 종로구를 녹색 교통진흥지역으로 지정하고 12월부터 배출가스 5등급 차량의 운행을 막을 예정이었지만 대상 지역은 훨씬 넓어지게 되었다. 미세먼지 계절관리제를 처음 시행한 2019년에는 2015년보다 석탄으로 인한 이산화탄소 배출량이 3.45% 감소했다. 2018년보다는 무려 3.5%가 줄었다.

아쉬운 부분도 있다. 국가기후환경회의의 보도자료에 따르면,

미세먼지 계절관리제 시행 후 국내 이산화탄소 배출량 변화[20]

구분	연도	합계	석탄	석유	천연가스	시멘트	기타
미세먼지 계절관리제 이전	2014	630.6	331.3	162.8	101.4	25.4	9.7
	2015	635.2	335.4	171.6	92.6	25.8	9.8
	2016	639.3	320.7	185.4	96.7	26.7	9.8
	2017	655.7	337.7	180.7	100.9	26.4	10.2
	2018(A)	671.6	340.3	179.1	117.2	24.7	10.3
	5년 평균(B)	646.5	333.1	175.9	101.7	25.8	10.0
미세먼지 계절관리제 이후	2019(C)	648.0	321.6	177.5	113.6	25.1	10.3
	변화(=[C-A]/A)	-3.51%	-5.51%	-0.92%	-3.06%	1.51%	0.00%
	변화(=[C-B]/B)	0.24%	-3.45%	0.87%	11.64%	-2.74%	3.51%

단위: 백만톤CO_2

전체 미세먼지 배출의 41%를 산업에서 배출한다. 그 중 '제1차 금속산업'과 '제철제강업'에서 배출하는 미세먼지는 산업 전체 미세먼지 배출량 52%를 차지한다. 이번 정책제안에 포함된 산업 부문 대책 중 대표적인 것이 '고농도 계절 동안 배출허용기준 강화'와 '대형사업장 굴뚝 대기오염물질 측정결과 실시간 공개' 등이다. 산업 부문 전체로 볼 때 어느 정도 효과는 있겠지만, '제1차 금속산업'과 '제철제강업'의 미세먼지 배출량 저감에는 큰 도움이 되지 않아 보인다. 최근 제철업체들이 대기오염물질을 방지시설도 없이 무단 방출했다가 적발된 적도 있는 만큼 나중에라도 정부에서 해당 산업 부문에 특화된 충격요법을 발표하고 시행하기를 요망한다.

유럽연합의
기후위기 대응

#플라스틱 폐기물 감소 #재생에너지

2021년 10월, 한국 정부는 탄소중립을 위한 부문별 감축 잠재량을 분석한 후 복수의 탄소중립 시나리오를 마련했다. 2030년까지 온실가스 배출량을 2018년 수준의 40% 이상 감축한 후 2050년까지 순배출영점화를 달성하기에는 시간이 많지 않다.

2020년에는 코로나-19의 영향으로 전 세계의 경제활동과 수송이 줄어들었다. 그러나 IMF는 각국의 경기 부양 정책으로 전 세계 GDP가 증가할 것으로 예측한다. 산업구조가 그대로인데 경제 규모만 성장하려면 예전과 같이 화석연료를 많이 태우고 온실가스 배출량이 급증할 수밖에 없다. 앞으로의 10년을 허송세월하지 않기 위해서 무엇을 해야 하는지 외국 사례에서 아이디어를 얻고자 한다.

유럽연합이 그리는 기후대응 큰 그림

기후변화 대응에 최우수 사례를 만들고 있는 유럽연합은, 2018

년 11월 28일 '2050년 장기 온실가스 저 배출 발전전략의 초안'에서 2050년까지 1990년과 비교해서 온실가스 배출량을 80~100% 감축하는 목표를 제시했다.[21] 이 목표를 달성하기 위해 매년 GDP의 2.8%에 해당하는 5천 2백억~5천 750억 유로^{한화 690조~765조}를 투입할 예정이다. 그런데 이미 GDP의 2%는 투자하고 있어서, 2050년까지 온실가스 순 배출량을 100% 감축하려면 재원으로 매년 1천 750억~2천 900억 유로^{한화 230조~386조}가 필요하다.

이번에 발표한 전략은 '지구온난화 2.0°C 이내'라는 파리협정의 목표를 만족하는 5가지 기본 경로를 제시하고, 추가로 그 5가지 경로를 통합한 경로와 '지구온난화 1.5°C 이내' 목표를 만족하는 2가지 경로를 합쳐 총 8가지 장기 발전 경로를 제시했다.

기본 5개 경로^{ELEC, H2, P2X, EE, CIRC} 중 어느 것을 따르더라도 정책이 성공한다면 1990년과 비교하여 2050년의 연간 온실가스 배출량을 20% 이하로 낮출 수 있을 것으로 기대된다. 통합 경로^{COMBO}를 현실화하면 유럽연합의 온실가스 배출량은 90%가 줄어서, 1990년의 1/10 이하가 된다. 가장 강력한 기후변화 완화 정책이 담긴 2가지 경로^{1.5TECH, 1.5LIFE}는 유럽연합에서 2050년의 온실가스 순 배출량을 '0'으로 낮추는 것이 목표다.

유럽연합의 장기 저 배출전략을 우리나라가 배울 수 있을까? 에너지 효율화^{EE}는 대체로 비용이 재생에너지보다 저렴하고, 순환경제^{CIRC}는 온 국민이 미세먼지 다음으로 관심을 가지는 플라스틱 폐기물의 감축에도 핵심적인 경로가 될 수 있어 대다수가 동의하고 지지할 것이다.

유럽연합 '장기 온실가스 저배출 발전전략'의 배출경로별·부문별 주요 정책 목표

	전력화 (ELEC)	수소 (H2)	전력기반 변환 (Power-to-X) (P2X)	에너지 효율화 (EE)	순환경제 (CIRC)	통합 (COMBO)	1.5°C 기술 개발 (1.5TECH)	1.5°C 지속가능 생활양식 (1.5LIFE)
주요 공통 동인	모든 부문의 전력화	산업, 교통, 건물 부문에 수소 공급	저장 전력을 필요할 때 다른 형태의 에너지로 변환하여 공급 E-fuels: 산업, 교통, 건물 부문	모든 부문에서 고도의 에너지 효율화 추구	효율적인 자원·물질 이용	지구온난화 2°C 정책 수준의 비용 효과적인 통합	통합(COMBO) 정책에서 BECCS와 CCS 강화	조합(COMBO)과 순환경제 (CIRC) 수준에 더해 생활양식 변화
2050년 저감 목표	흡수원을 제외한 온실가스 80% 저감 ["2°C보다 현저히 낮은 수준의 온난화" 목표]					흡수원 포함 온실가스 90% 저감	흡수원을 포함한 온실가스 100% 저감 ["1.5°C 이내 온난화" 목표]	
주요 공통 가정	2030년 후에도 에너지 효율화 강화. 지속 가능한 차세대 바이오연료 보급. 온건한 순환경제 정책, 디지털화, 기반시설 건설 시 시장 조율. 2°C 시나리오에서는 BECCS가 2050년 이후에 포함됨. 저탄소 기술의 경험기반학습 강화. 교통 시스템의 상당한 효율 향상							
전력	2050년까지 거의 완전히 탈 탄소화함. 전력 시스템 최적화(수요반응, 저장, 전력망 상호연계, 프로슈머 기여)를 통한 재생에너지전력의 시장 비중 증대. 원자력은 여전히 전력 부문에서 역할이 있고 CCS 보급은 한계가 있음							

	전력화 (ELEC)	수소 (H2)	전력기반 변환 (Power-to-X) (P2X)	에너지 효율화 (EE)	순환경제 (CIRC)	통합 (COMBO)	1.5°C기술 개발 (1.5TECH)	1.5°C 지속가능 생활양식 (1.5LIFE)
산업	공정 전력화	응용목표 분야에 수소 이용	응용목표 분야에 전력변환 가스 이용	에너지 효율화 에너지 수요 감축	재활용률 제고, 물질 대체, 순환 정책	2°C보다 현저히 낮은 "온난화" 목표의 비용효과적 수단들 부문별 특정 응용분야에 적용 (순환경제) [CIRC 단계 제외]		강화된 CIRC+COMBO 결합
건물	히트펌프 보급 증대	난방에 수소사용	난방에 전력변환 가스 사용	기존건물의 에너지성능 개선, 새로 짓는 건물의 성능개선 강화	지속 가능한 건물건축		강화된 COMBO 정책	강화된 CIRC+COMBO 결합
교통	모든 교통수단의 전력화 가속	대형차(HDVs) 및 일부 소형차(LDVs)의 수소화	모든 교통수단에 전력변환 연료 공급	전환교통 (modal shift) 증가	이동수단의 개념변환: 소유에서 소비로			강화된 CIRC+COMBO 결합. 항공을 대체하는 이동수단
기타 동인		가스 배관망으로 수소 공급	가스 배관망을 통해 E-gas(전력 변환 가스) 공급				자연 흡수원의 제한적인 흡수력	식생활 변화 자연 흡수의 흡수력 증진

국민의 반대나 논란이 될 것은 신기술도입이 필요한 3가지 경로, 즉 전력화^{ELEC}, 수소^{H2}, 전력기반 변환^{P2X}이다. 전력화 경로는 전기 송배전 주체 다양화 여부에 대한 논의가 필요하다. 수소 경로는 수소의 원료와 비용 및 경제성 확보까지의 국가 재정 투입 여부가 문제될 수 있다. 전력기반 변환경로는 전력을 생산한 후 다시 다른 형태의 에너지로 변환하는 데 따른 에너지·자원 손실 문제와 대규모 신규 설비 설치 등이 문제다.

전력화, 수소, 전력기반 변환은 서로 밀접하게 연결되어 있다. 전력화의 발전원 대부분을 지속 가능한 재생에너지로 공급한다면, 그곳에서 나오는 전기로 물을 전기 분해해서 수소를 공급$^{power\text{-}to\text{-}gas}$하거나, 전기로 다른 산업의 원료를 생산$^{power\text{-}to\text{-}chemicals}$할 수 있다. 남는 전력과 저장된 전기 에너지로 물을 전기분해하여 수소를 생산한다. 그 수소를 이용하여, 수소 전기자동차의 연료전지에 연료를 공급하여 전기를 생산, 이산화탄소와 결합하여 합성 연료를 생산, 질소와 결합하여 암모니아·비료를 생산하거나, 금속 정련, 다양한 화학반응, 직접 열 공급 등이 가능하다. 그렇게 되면 지금의 많은 화석연료 기반 생산소비 방식보다 생애주기 환경 영향이 감소할 것이다.

실제로 미국 캘리포니아주나 일본은 이미 한낮의 과도한 태양광 발전량이 전력수요를 넘어섬에 따라 발전을 제한하는 사례가 보고되어, 남는 전력의 사용처를 고심한다.

재생에너지가 변환된 수소라면, 국내 생산을 고집할 이유도 없다. 호주나 사우디아라비아처럼 땅값 싸고 햇빛 좋은 나라의 남는

전력화와 수소의 관계[22]

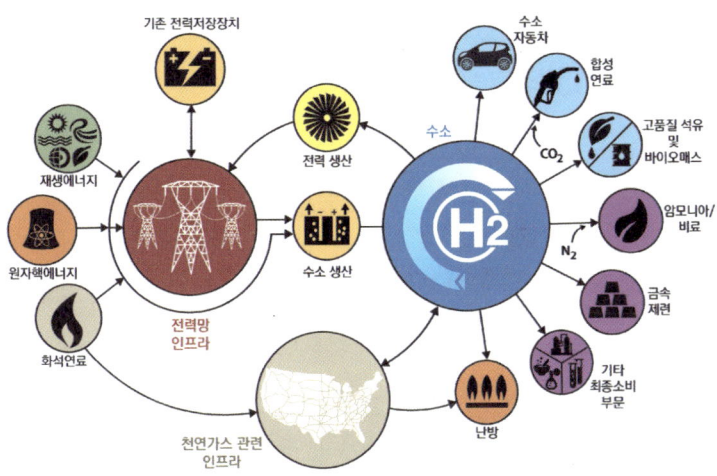

 태양광 전력을 암모니아로 변환하여 우리나라에 수입한 후 수소로 전환하는 방안도 있다. 몽골의 사막에서 생산한 재생에너지 전력을 중국을 거쳐 우리나라에 공급하겠다는 '동북아 수퍼그리드' 사업보다 더 현실성이 있어 보인다. 물론 발전원의 청정에너지화가 선행되지 않으면 수소 경로와 전력기반 변환 경로도 의미가 없다.
 기후변화의 심각성에도 불구하고 전 세계의 안이한 대응 수에에 실망한 마틴 리스[e]$^{Martin\ Rees}$는 지금까지의 방법으로 실패했다

---

e 마틴 리스: 영국의 원로 이론천체물리학자이자 왕립학회 전 의장

면 신기술 활용을 두려워하지 않아야 한다고 주장한다.[23] 일본 토요타 자동차 수소 부문 책임자인 히로세 가쓰히코 Hirose Katsuhiko 는 "수소 사회라는 용어를 좋아하지 않습니다. 그 용어는 사회가 수소에 명운을 건다는 의미입니다. 대신 우리는 지속 가능한 사회를 위한 다양한 해결책의 묶음 전체에 투자해야 합니다."라고 말했다.[24]

모든 기후변화대응 대책을 꼼꼼히 따져보면 한국보다 기후변화대응에 앞서 있는 나라들의 정책과 기술개발 방향을 공부할 가치가 있다. 유럽의 기후변화대응 경로가 아니라 우리나라가 시도하지 못하는 정책들이 실제로 정치에서 거론되고 의회를 통과하는 과정을 배우는 것이 선행되어야 할 것이다.

3부

지속가능 에너지

미래를 위한 첫 걸음

디지털사회와 에너지사용의 변화

#높아진 전력 의존

코로나-19는 2019년 11월 중국에서 최초 보고된 후 세계적으로 전파되고 있다. 전파력이 커서 사람 간의 만남을 줄이며 이전에 없던 생활방식을 만들어냈다. 온라인 만남, 재택근무, 화상 전화 등은 이미 일상이 되었다. 전문가들은 코로나-19사태가 어느 정도 진정된다 해도 예전과 같은 상태로는 돌아가지 못할 것으로 예측한다. 코로나-19가 새롭게 보편화 된 사회·문화·경제적 표준인 뉴노멀 new normal 을 만든 것이다.[1] 그렇다면 감염병은 기후변화와 무관할까?

감염병과 기후변화

코로나-19가 어느 동물로부터 비롯됐는지 결론이 명확하지 않지만, 동물과 인간 사이에 전파된 것은 확실하다. 동물과 인간 사이에 전파되는 감염병을 '인수공통감염병'이라고 하는데, 모든 감염병의 17%[2], 신종감염병의 3/4[3]을 차지한다. 식량 생산을 위해 산림을 파괴할수록 설치류 등의 병원체 숙주가 증가하고[4], 기후변화로 인해 야생동물 서식 가능지역과 인구 밀집 지역이 만나면서 인수공통감염병의 확산을 촉진한다.[5]

한국은 이러한 변화와 무관할까? 최근 토지이용 추이를 살펴보면 기후변화를 고려하지 않아도 사람과 동물의 활동공간이 겹쳐져서 인수공통감염병의 위험이 커졌다. 산림, 갯벌 등 자연 상태의 땅이 개발되어 농토나 공단 부지, 건물로 바뀌면 그 지역이 발전하고 있다는 인상을 준다. 국토개발정책은 여전히 제조업 중심이고 지방자치단체의 단체장과 지방의회 의원들도 눈에 보이는 성과물을 선호한다. 각종 공장용지 확보와 도로 건설에 치중하면서 산림 보전에 소홀했다. 그 결과 산림은 지난 38년 동안 매년 약 65㎢ 줄어들었다. 이는 9년마다 서울 전체 면적인 605㎢만큼의 숲이 사라진 것을 의미한다.[6] 숲속에서 살던 야생동물은 어디로 갈까? 서식지를 잃고 사라지기도 하지만, 자신들이 살던 곳에 들어선 인간 시설을 공유한다. 눈에 보이지 않아 인간이 눈치채지 못할 뿐이다. 기후변화에 따라 이동하는 야생동물 서식지는 인간의 거주지와 중복될 수밖에 없다. 그럴수록 야생동물과 인간의 직간접적 접촉이 증가하고, 동물에게서 바이러스, 세균, 곰팡이 등의 병원체가 인간에게 전달될 가능성이 커진다.

식량 공급을 위한 각종 동물 사육 시설 면적의 증가는 이러한 현상을 더욱 악화시킨다. 식생활이 서구화되면서 육류 소비도 늘고 있다. 2019년 보건복지부의 조사에 따르면 1998년과 비교하여 2017년 1인당 육류 소비가 1.89배 증가했다. 신선한 육류 공급을 위해 국내에서 가축과 어류를 키우는 시설의 면적이 늘어났다. 1980년 77㎢ 차지하던 면적이 2018년 584㎢로 증가했다. 야생동물뿐만 아니라 사육동물과의 접촉도 증가할 수밖에 없다.

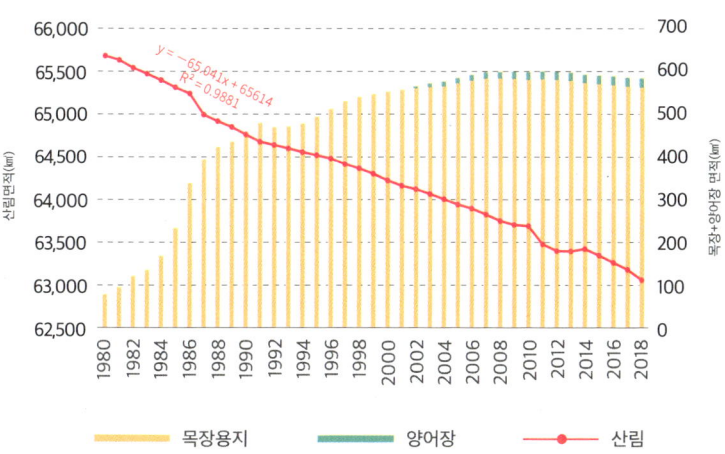

산림의 감소 vs 식량 생산용 동물 사육시설 증가
출처: 산림청(2019), 국토교통부(2020)

이 문제의 해결을 위해 원헬스One Health 접근법에 주목할 필요가 있다. 미국의 질병관리본부에서 처음 제안했다고 알려졌고 지금은 세계보건기구를 통해 전 세계 권장방법이 되었다. 한국도 2018년부터 질병관리본부 2020년 '질병관리청'으로 승격에서 감염병 예방관리 정책으로 강조한다. 원헬스는 사람-동물-환경의 상호작용 중에 발생 가능성이 있는 건강 위협과 관련한 모든 부문과 학제가 협력, 소통, 조정하여 사람과 동물이 함께 최상의 건강을 얻는 접근 방법이다.[7] 구체적인 내용으로 식품 위생, 인수공통감염병 관리, 항생제 내성 관리 등을 제시하였다.

이산화탄소 배출량의 감소

그렇다면 코로나-19가 기후와 환경에는 어떤 영향을 미쳤을까? 2020년 2월. 중국이 코로나-19로 공장 조업을 멈추면서 화석연료를 덜 쓰게 되자 국가 이산화탄소 배출량이 25% 줄어들어서 화제가 됐다. 코로나-19가 전 세계로 퍼지면서 에너지 소비량도 전 세계적으로 크게 변화했다. 코로나-19의 추가 감염을 막기 위해 차량 이동이나 항공기 운항이 줄어들자 원유 소비가 생산량보다 적어져 생산한 석유를 저장할 공간을 찾기 어려운 상황이 되었다.

이에 따라 화석연료 가격이 하락했다. 2020년 첫 주 배럴당 평균 63달러로 거래된 원유는 2020년 4월에 배럴당 평균 22달러 초반에 거래되었다.[a] 셰일오일의 평균 손익분기 유가 break even price가 약 48달러이고 가장 생산원가가 낮은 유정의 손익분기 유가가 24달러로 알려졌다. 이를 보면 원유의 거래 가격이 평균 손익분기점의 절반 미만 수준으로 떨어진 것을 알 수 있다. 천연가스도 원유와 비슷하다. 연초에 2.1달러로 거래된 천연가스는 15%하락한 1.8달러에 거래되었다.

석탄·석유·천연가스 중 석탄이 가장 저렴하다. 코로나-19 이전

---

a 전 세계 원유 가격의 척도 중 하나인 서부 텍사스 중질유의 현물 가격 기준

에는 발전원가를 낮추기 위해 천연가스보다 저렴한 석탄을 많이 썼다. 석탄은 화력발전과 철강생산을 위한 수요가 일정한 만큼 가격이 많이 하락하지 않는다. 그런데 코로나-19로 인해 화석연료 가격이 하락하면서 천연가스가 석탄보다 약 20% 값싸게 거래되는 이상 현상이 발생했다. 이러한 상황이 지속 되면 미세먼지 배출량을 줄이고 지구온난화 지연에 도움이 되는 천연가스를 쓰는 것이 단기적인 기후변화대응에 유리하다. 석탄과 천연가스도 화석연료이기 때문에 환경이나 기후변화에 부정적인 영향을 미친다. 그러나 상대적으로 비교하면, 석탄의 탄소함량이 천연가스보다 많아서 석탄이 약 1.8~1.9배의 이산화탄소를 더 배출하기 때문이다.

높아진 전력의존도와 유의사항

온라인 활동이 증가함에 따라 전력의 중요성이 커졌다. 코로나-19 감염을 피해 밀폐된 공간이나 사람이 많이 모이는 장소를 멀리하느라 집에서 많은 시간을 보내게 된 것이다.

우리나라의 장소별 스마트폰 이용량은, 2020년 2월 15일에는 큰 차이가 없던 주택가와 근무처의 스마트폰 사용자 이동량 현황이 일주일 뒤 급격히 벌어지기 시작한다. 주택가 이동량은 증가했고, 근무처는 감소했다. 주택가에서 스마트폰 사용자 변화가 늘어난 것은 애플리케이션 주문이 영향을 미친다. 불특정 다수의 사람이 모인 감염에 취약한 식당에서 외식하기보다 온라인으로 식자재를 주문해서 직접 만들어 먹거나 음식을 배달시킨다. 여가 또한 사람이 많은 곳에 가기보다 집에서 인터넷으로 영상을 시청하거

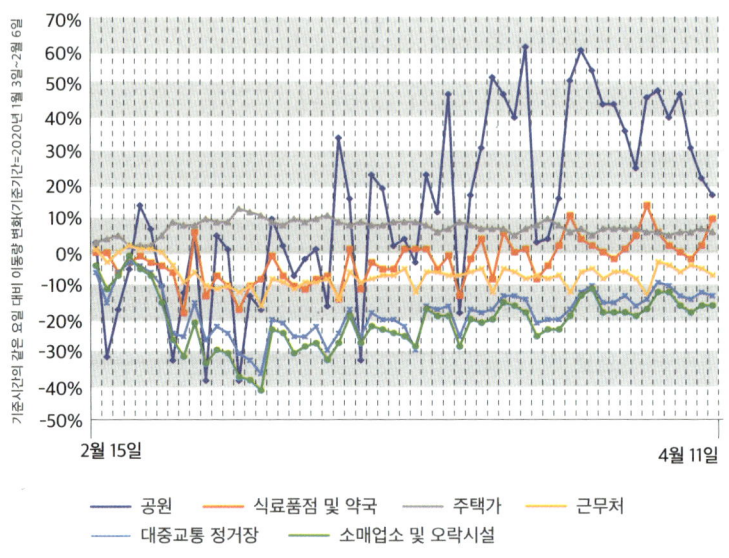

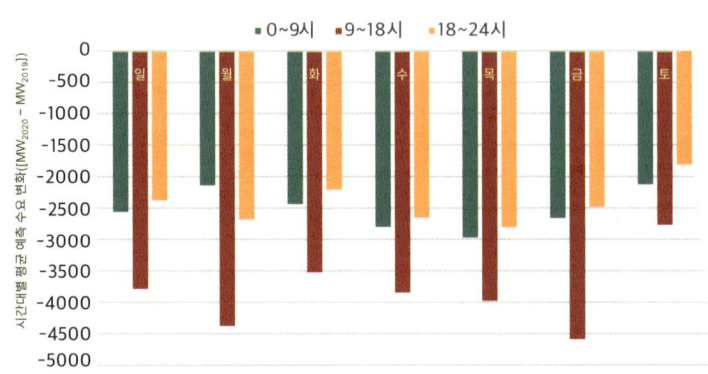

나 게임을 즐기게 되었다.

요일과 시간대별 전력수요 변화를 보면, 사업장의 주된 영업시간인 오전 9시에서 오후 6시 사이에 전력수요가 늘어났다. 이는 코로나-19로 재택근무가 늘어남에 따라 집에서 화상회의와 온라인 업무 처리량이 많아진 것을 의미한다.

대면 활동이 축소됨에 따라 디지털사용을 위한 전략사용도 늘었다. 전력의존량이 늘어나는 것은 기후변화대응에 달갑지 않다. 생활방식의 변화가 기후변화 완화에 도움이 되려면 두 가지 측면에 주의를 기울여야 한다.

첫째, 모든 온라인 활동을 포함하여 온실가스 배출량을 재평가해야 한다. 특히 국내 택배사용량이 꾸준히 늘고 있으며, 국민 1인당 연간 택배 이용 횟수도 빠르게 증가하고 있다. 100% 온라인 거래가 오프라인 거래보다 온실가스를 더 배출한다는 해외의 연구

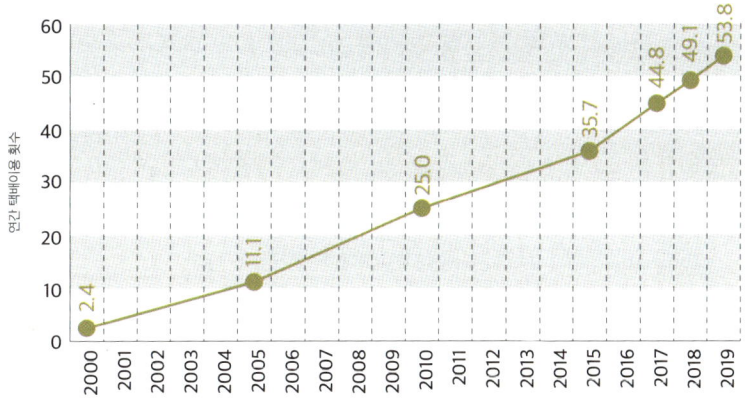

국민 1인당 연간 택배 이용 횟수
출처: 한국통합물류협회(2020)

결과에 의하면[8], 온라인 활동 증가에 따른 온실가스 배출이 증가할 수밖에 없다. 온라인 활동의 증가와 뉴노멀 사회활동에서 나오는 온실가스 배출량의 합이 감소하는 방향으로 기후변화 완화 습관을 만들어야 한다.

둘째, 전력의존이 심해지는 현상에 유의해야 한다. 한국은 이미 초고속 인터넷이 전국에 보급되어 온라인 활동이 쉽다. 이런 활동을 가능하게 하는 에너지원은 다름 아닌 전력이다. 가정뿐만이 아니다. 데이터센터는 수십만 대의 서버에서 나오는 열을 식히기 위해 엄청난 전력을 쓴다. 전력의 영향이 커지는 만큼 온실가스를 덜 배출하는 발전원을 보급해야 한다.

코로나-19로 인해 사회적 거리 두기의 영향이 가장 컸던 2020년 3월 말~4월 초는 2019년보다 최대전력 수요가 하루 최대 12%, 1주일 평균 약 7%까지 감소했다. 코로나-19의 영향으로 전력수요가 감소한 영향도 무시할 수 없다. 그러나 태양광발전 설비가 2019년보다 약 40% 늘어나면서, 가정과 사업장에서 필요한 전력의 상당 부분을 스스로 생산했다. 전문가들은 태양광발전 설비의 증가가 한낮의 전력 수요량 감소에 꽤 기여했을 것으로 추측했다. 전력을 생산하는 방식만 바꿔도 국내 온실가스 배출량을 획기적으로 줄일 수 있다.

코로나-19에서 배우는 환경변화 대응 방향

한계상황으로 치닫던 기후위기와 생태계 파괴 현상이 코로나-19로 해결하기 더 어려워질 수 있다. 존 아이켄베리 G. John Ikenberry

교수는 코로나-19로 인한 경제적 피해를 만회하고 사회적 불안을 완화하기 위해 세계 각국이 국수주의에 빠지고 강대국 사이에는 경쟁 관계가 심화하여 국가나 지역 간의 연대가 느슨해질 것으로 전망했다.[9] 이 국수주의와 국제 연대 약화는 앞서 1장에서 이야기한 기후변화 가상 시나리오 '지역 간 경쟁 붕괴'과 매우 유사한데, 기후변화 완화와 적응이 모두 매우 힘들어지는 최악의 경로 SSP3-7.0로 평가받는다. 전 세계가 각자도생을 위해 '지역 간 경쟁'에 빠져서 아무런 기후정책을 시행하지 않는다면 2100년, 전 지구 평균기온이 산업화 이전 수준보다 3℃ 혹은 4℃ 중반까지 상승한다. 환경문제에 관심이 줄어들면 세계적으로 황산화물과 블랙카본 등의 대기오염물질이 많이 배출된다.

그래서 코로나-19사태가 잦아들 때 전 세계가 어느 경로를 선택하는지는 매우 중요하다. 벌써 화석연료가 이윤 창출의 핵심인 기업들이 각국의 위기 돌파용 정책자금을 자사 사업 장려에 써달라고 로비를 하고 있다.[10]

2015년 전 세계가 기후변화대응을 위해 합의한 파리협정의 목표를 달성하려면 2020년부터 2030년까지 전 세계 온실가스 배출량을 매년 7.6% 감축해야 한다. 2019년 유엔환경계획에서 처음 이 목표를 제시했을 때 비현실적이라고 평가했다.[11] 코로나-19로 전 세계 경기가 침체되면서, 온실가스 대부분을 차지하는 이산화탄소의 배출량은 2020년에 최소한 5.5% 줄어든 것으로 추정된다.[12] 온실가스 배출량을 줄이려면 얼마나 극적인 변화가 필요한지 코로나-19 대유행으로 확인한 셈이다.

원자력은 기후위기 대응에 도움이 될까?

#높은 위험성 #에너지 사용 줄이기

원자력은 원자핵이 분열 또는 융합할 때 발생하는 에너지를 사용하는 것이다. 우라늄 1kg이 핵분열로 내뿜는 에너지가 석유 약 200만 리터의 에너지와 필적하는데, 적은 연료로 막대한 양의 에너지를 얻을 수 있다. 전통적인 발전원 중에서 온실가스 배출량이 가장 적기 때문에 기후변화대응에도 중요한 에너지원으로 기대하는 이들이 상당하다. 그런데 원자력에 대한 의견은 여러 갈래로 나누어진다.

발전량 당 온실가스 배출량을 중시하는 사람들은 원자력, 즉 원자핵에너지 설비를 늘려야 한다고 주장한다.

원자력이 태양광이나 풍력 등보다 효과적이지 않다는 주장도 있다. 원자핵에너지를 사용한 뒤 핵연료를 오래 저장하거나 지하에 영구 보관하는 일이 어렵기도 하고 비용도 많이 들기 때문이다. 독일이 이런 입장을 국민투표로 확정하고 탈원전을 추진 중이다.

체르노빌이나 후쿠시마 제1 원자력발전소 사고 같은 비극이 국

SSP1의 저에너지 수요 경로에 따른 1차 에너지 공급량 변화

출처: Huppmann, D. et al. (2019)

	2010	2020	2030	2040	2050	2060	2070	2080	2090	2100
화석연료	419.0	454.1	220.6	114.4	54.9	30.3	14.6	6.6	2.8	1.7
바이오매스	54.3	49.6	48.1	44.4	45.5	52.6	63.5	68.6	78.0	75.3
수력	12.9	15.8	21.1	23.2	24.5	24.8	25.2	25.9	26.0	26.0
태양에너지	2.5	11.2	47.5	74.5	86.9	91.6	97.1	104.6	110.2	114.9
원자력	9.9	10.8	15.8	20.3	24.8	29.0	28.9	26.0	20.6	15.2
풍력	1.7	8.9	24.2	39.8	52.5	62.6	68.9	72.1	73.6	76.5
지열	0.5	0.6	0.5	0.3	0.2	0.2	0.2	0.3	0.4	0.5

단위: EJ/연

	2010	2020	2030	2040	2050	2060	2070	2080	2090	2100
화석연료	83.7%	82.4%	58.4%	36.1%	19.0%	10.4%	4.9%	2.2%	0.9%	0.5%
바이오매스	10.8%	9.0%	12.7%	14.0%	15.7%	18.1%	21.3%	22.6%	25.0%	24.3%
수력	2.6%	2.9%	5.6%	7.3%	8.5%	8.5%	8.5%	8.5%	8.3%	8.4%
태양에너지	0.5%	2.0%	12.6%	23.5%	30.1%	31.5%	32.5%	34.4%	35.4%	37.0%
원자력	2.0%	2.0%	4.2%	6.4%	8.6%	10.0%	9.7%	8.5%	6.6%	4.9%
풍력	0.3%	1.6%	6.4%	12.6%	18.2%	21.5%	23.1%	23.7%	23.6%	24.7%
지열	0.1%	0.1%	0.1%	0.1%	0.1%	0.1%	0.1%	0.1%	0.1%	0.2%

내에서도 일어날 수 있음을 우려하는 사람들도 있다. 특히 한국보다 안전 기준과 검증이 부족한 중국의 원자력발전소가 한국과 가까운 해안에 다수 건설되는 전망을 우려하는 사람들도 있다. 그런 계획을 반대할 자격이 있으려면 국내에서도 탈원전을 추진해야

한다고 주장한다.

여러 의견 중 주목해야 할 것은 앞서 소개했던 '변혁 시나리오 SSP1'에서 앞으로 원자력의 비중이 일시적으로 증가하다가 결국 감소할 것으로 가정하고 있다는 것이다. SSP1 시나리오는 풍력과 태양광 기술과 같은 재생에너지원의 사회적 수용도가 높고, 원자력에 대한 수용도가 낮다. 《Nature Energy》에 실린 2050년 저탄소 사회 전망 논문은, 원자력이 온실가스 감축에 도움이 되지만 안전과 방사능 폐기물 등에 대한 우려로 사회적 수용도가 낮아 비중 확대가 쉽지 않을 것이라고 했다.[13] 결론적으로, 지속 가능한 인류의 발전경로는 기후변화를 완화하는 탈탄소와 사회적 수용성이 고려된 탈원자력을 동시에 만족해야 한다.

이에 따라 많은 나라가 정책적으로 '에너지전환 energy transition'을 꾀한다. 에너지전환은 석탄과 같은 화석연료와 원자력 이용량을 줄이고 재생에너지 이용을 확대하여 에너지 효율을 향상하는 것이다.

인류와 자연이 공존하며 지속 가능한 사회로 변하기 위해 에너지전환은 꼭 필요하다. 독일은 2022년 말까지 모든 원자력발전을 중단한다. 석탄 사용을 지속적으로 줄여, 늦어도 2038년까지 모든 석탄화력발전소를 폐지하는 것이 목표다. 그 대신 태양광, 육상, 해상풍력 등의 보급을 확대하고, 가상발전소[b]를 도입하여 전력 수급의 안정성을 꾀하고 있다.

---

b **가상발전소**: VPPs(virtual power plants). 전력시장에서 재생에너지를 포함한 분산에너지원과 전력저장장치 및 전력수요 조절을 실시간으로 최적화하는 서비스를 제공함으로써 전력수급 안정에 기여하고 수익을 얻는 서비스 공급자

원자력 의존을 줄이는 방법

원자력 기술은 OECD 회원국과 중국 등의 강대국들이 수십 년째 개발하여 사용한다. 그에 따라 방사성폐기물의 처분 방안이 불확실한 채로 대부분 원자력발전소 대지 안에 쌓여간다. 1986년의 체르노빌 원자력발전소 폭발 사고와 2011년 후쿠시마 제1 원자력발전소 노심용융 사고 등에서 보듯이, 원자력은 사고가 일어나면 전 지구적으로 심각한 환경문제를 일으키고 자연생물과 인류의 생존을 위협한다. 이제 우리는 지구온난화를 1.5°C 이내로 억제하기 위해 노력하면서 원자력 의존을 줄이는 핵심 방안을 고민해야 한다.

가장 먼저 에너지 수요를 줄여야 한다. 에너지 저감 정책과 더불어 우리 집과 일터의 에너지 소비 행태를 바꾸는 것이 매우 중요하다. 선진국 국민은 2050년까지 2020년 대비 에너지 소비를 53% 절감하며, 개발도상국 국민은 32%를 절감해야 한다. 한국도 앞으로 30년 동안 최종에너지 소비를 53% 절감해야 하는 '선진국'에 포함된다는 사실을 잊으면 안 된다.[14]

에너지 수요를 줄였다면, 재생에너지를 폭발적으로 확대 도입해야 한다. 전 세계의 총 에너지 수요가 감소하면, 원자력에 대한 의존을 줄이고 태양광과 풍력의 강력한 성장을 통해 지속 가능한 에너지전환을 이룰 수 있다. 재생에너지가 성장하기 위해서는 현재 상황에서 50%까지 에너지 소비량을 줄여야 하므로 쉬운 목표는 결코 아니다.

가장 효과적인
차세대 에너지는?

#경제적 순가치 #2040년

기후위기 시대를 초래한 가장 큰 원인은 화석연료 사용이다. 2018년 기준, 세계 온실가스 배출량 배출량[512억 톤CO₂eq; 토지이용, 토지이용 변화 및 임업 LULUCF 제외]의 74%[377.2억 톤CO₂]가 석유·석탄·천연가스와 같은 화석연료 연소로 인한 이산화탄소다.[15] 우리나라 기후변화 완화를 위해서 에너지 연소와 발전기술의 선택이 가장 중요하다. 화석연료, 태양광, 태양열, 원자력, 지열, 풍력 등 전력 생산을 위해 선택할 에너지원과 기술은 다양한데 어떤 기술과 연료를 어떤 기준에 의해서 결정하면 좋을까? 경제, 사회, 문화, 정치, 환경 등 여러 가지 측면을 통합적으로 고려하는 것이 장기적으로 중요하지만, 대체로 경제적인 측면을 최우선으로 고려한다.

에너지의 미래가치를 판단해야 한다

환경문제를 제외하고 경제성만 고려하면 어떤 에너지가 가장 유리할까? 재생에너지를 지역의 자연환경에 맞게 잘 선택하면 화석연료보다 훨씬 경제적인 경우가 많다.

원자력과 태양광 비교가 가장 대표적이 사례다. 신고리 5·6호기 공론화위원회가 막 출범했을 때, 미국 에너지정보청 US EIA의 전원별 발전단가에 대한 보고서로 논란이 일어난 적이 있다. 정부의 탈원전 정책을 반대하는 보수 언론에서 태양광과 원자력의 '균등화 회피비용'을 비교하면서 미국에서도 태양광이 원자력보다 불리하다고 주장한 것이다.

그러나 균등화 회피비용을 포함하여, '발전 설비의 경제적 순가치'를 분석해야 효과적인 차세대 에너지를 선택할 수 있다. 물건 구매 비용과 물건으로 받을 서비스 혹은 가치를 모두 고려하듯, 발전 설비의 경제적 가치를 비교할 때도 들어가는 최소비용과 가치를 모두 따져본다. 미국 에너지정보청은 새로 도입되는 발전원의 경제성을 파악하는 지표로서 균등화 회피비용과 균등화 발전원가의 차이를 이용했다. 이 차이를 발전 설비의 '경제적 순가치 net economic value'라고 부른다.

균등화 회피비용 - 균등화 발전원가 = 발전 설비의 경제적 순가치

'균등화 회피비용'은 발전 설비의 '가치'를 간접적으로 표현한 것이다. 예를 들면 지금은 천연가스가 저렴해서 일시적으로 태양광보다 싸게 전력을 공급할 수 있지만, 앞으로 연료 수급문제가 발생하고 탄소 가격 정책이 바뀌는 등의 위험부담이 있다. 또 태양광 발전소 건축에 비용이 들지만, 추가 연료가 필요하지 않고, 장기적으로 온실가스를 줄인다는 장점이 있다. '균등화 발전원가'는 석유, 태양광 등의 발전 설비를 설치하고 운영할 때 발생하는 모든 비용이다. 여기에는 발전 설비를 운영할 때 드는 자본, 연료비, 고정 운영 및 관리비용, 변동 운영 및 관리비용, 금융 비용, 이용률 비용 등을 포함한다.

균등화 발전원가가 균등화 회피비용보다 크면, 그 발전을 선택해야 전체 전력망의 비용이 줄어들게 된다. 비록 지금 재생에너지가 화석연료보다 운영비가 많이 들지라도 장기적으로는 재생에너지가 더 효과적인 경우가 많다는 뜻이다. 특히 미세먼지 등의 미래의 환경문제와 기후위기 등을 고려하면, 재생에너지를 회피하지 않고 선택하는 것이 경제적으로도 더 도움이 된다.

원자력 vs 태양광

미국 에너지정보청은 2022년과 2040년을 기준으로 각 발전기술의 균등화 회피비용과 균등화 발전원가를 전망했다. 발전기술의 이용률이나 비용이 지역별로 차이가 있어서 이 전망은 국가별로 다를 수 있으나, 태양광이 신형원자력보다 경제성이 좋은 것으로 나타났다.

2022년 발전원의 경제적 순가치를 살펴보면, 회피비용이 발전원가보다 큰 것은 지열뿐이다. 나머지는 발전원가가 크지만, 절댓값이 작을수록 발전원의 도입이 더 유리하다. 그런 의미에서 태양광의 경제적 순가치가 원자력보다 크다는 것은 주목할 만하다.

특히 발전원별 미래를 전망한 2040년 추정값은 원자력보다 태

발전 설비별 경제적 순가치

출처: U.S. EIA (2018)

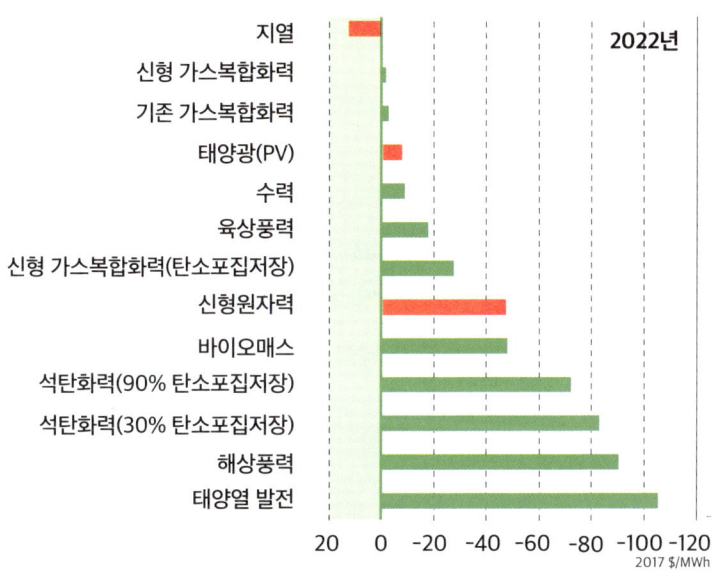

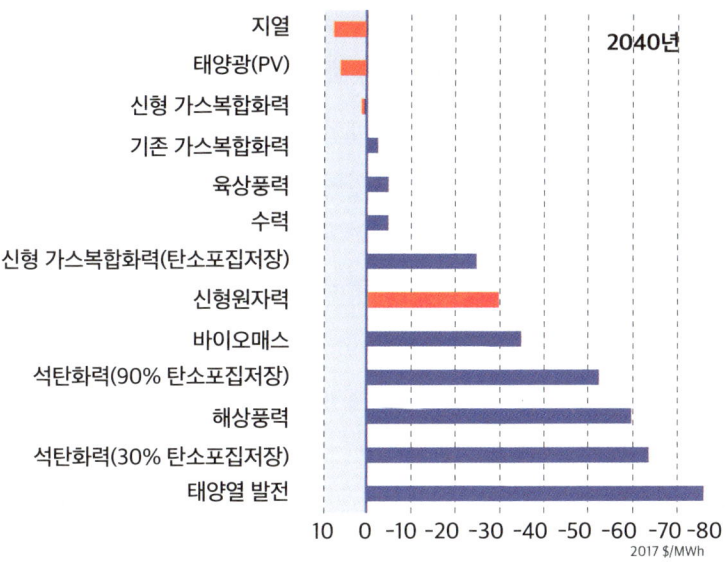

양광이 더 유리하다. 2040년이 되면 태양광발전의 회피비용이 발전원가보다 커지면서 경제적 순가치가 높아진다. 미국의 분석 결과이지만 경제적 순가치는 한국의 전력 정책에도 시사하는 바가 크다.

재생에너지의 미래

한국원자력문화재단의 2016년 여론조사 결과에 따르면 국민 75.4%가 원자력의 필요성을 인정하면서도 57.5%가 안전하지 않다고 인식했다. 주민 수용도가 낮아서 신규 입지 확보도 쉽지 않다. 디지털 제품 일상화로 전력사용이 많아지는 요즘 어떤 발전원을 장려해야 할지 고민이다.

반면 재생에너지 발전, 특히 풍력과 태양광은 한국에서도 충분히 기대할 만하다. 풍력과 태양광발전 설비의 건설 및 운영, 폐로 및 폐기물 처리 등을 고려했을 때 화석연료 발전보다 온실가스 배출량이 매우 적기 때문이다.[16] 재생에너지 사용은 효과적이지만 한국은 국토 면적이 좁아 태양광 패널이나 풍력 터빈을 설치할 공간이 적다는 우려가 있다. 면적이 좁은 것은 사실이나, 활용할 수 있는 재생에너지의 양은 생각보다 많다. 〈2020 신재생에너지 백서〉에는 신재생에너지 자원 잠재량이 실려 있다. 이에 따르면 경제 및 정책 요인을 고려한 태양광의 시장 잠재량이 321GW, 풍력은 39GW이다. 두 재생에너지의 시장 잠재량을 합하면 매년 521TWh를 발전할 수 있다. 2019년 전국의 전체 발전량이 593TWh이었는데, 이는 태양광과 풍력으로 한국전력 수요의 대부분을 감당할 수 있다는 말이다.

15~20년 전만 해도 '재생에너지가 미래의 에너지 수요를 담당할 것'이라는 주장은 비싼 재생에너지 비용 때문에 사람들의 공감을 얻지 못했다. 그러나 최근 《Science》에 실린 논문에 따르면 미국과 일본이 태양광 발전원가가 그리드 패리티$^{grid\ parity}$를 달성했다고 발표했다.[17] 그리드 패리티란, 재생에너지 발전원가가 석유와 석탄 등을 쓰는 화석연료나 원자력 등의 기존 에너지원의 발전원가 평균값과 같아지는 시점으로, 기술 개발 진척이 더뎌 비용 부담이 컸던 재생에너지 발전 기술이 경제성을 갖추는 시점으로 인식된다. 이는 곧 재생에너지의 시장성 역시 커짐을 의미한다. 재생에너지의 선진국이라 할 독일은 한국보다 위도가 높아서 햇빛이 약하지만 꾸준한 정책지원으로 2015년부터 태양광 전력이 국가 평균 전력 가격보다 저렴해졌다.

현재 세계에 설치된 태양광발전 설비 용량은 500GW다. 앞서 소개한 《Science》 논문은 앞으로 5년 안에 두 배로 증가해서 1GW, 즉 1TW^{테라와트}가 되고, 2030년까지는 다시 10배로 늘어서 10TW가 될 것으로 예상한다.[18]

국내 재생에너지 보급에 필요한 것

한국의 재생에너지 보급량은 굉장히 미미하다. 2021년 말 기준으로 한국의 태양광발전 설비는 21.723GW, 풍력 설비는 1.712GW로서, 태양광은 시장 잠재량의 약 5.9%, 풍력은 2.6% 수준에 그친다. 정부는 2030년까지 국내 발전량 20%를 재생에너지로 생산한다는 목표를 내세웠지만, 시행 1년 동안 여러 가지 문제가 발생했다. 야산의 숲을 없애고 설치한 태양광 발전소가 경관을 해치고, 폭우에 설비가 무너져 내리기도 했다. 그러나 주민 수용성 문제가 아직 제대로 해결되지 않은 해상풍력을 제외하면, 재생에너지 발전시설은 지역주민과의 협의를 거치면서 꾸준히 증가하는 추세다. '재생에너지 3020 이행계획' 시행 후 4년이 흐른 2021년 말까지, 태양광은 15.6GW, 풍력은 0.58GW가 새로 설치되었다. 태양광은 13년[18-'30] 동안 신규 보급 목표가 30.8 GW인데 불과 4년만에 목표를 절반 넘게 달성해서 정부가 예상한 증가속도를 초과하고 있다.[19] 풍력 보급량은 같은 기간 목표량 16.5GW에 많이 못 미치기는 하지만, 사업허가를 받은 해상풍력 사업만도 13.7GW여서 희망적이다.[20]

나라별로 재생에너지 지원 정책이 많아지는 만큼, 국제적으로 재생에너지의 가치는 크다. RE100은 재생에너지 전력만 사용해서 제품을 생산하고 기업을 운영하는 기업 모임이다. 애플, 구글, BMW, GM 등 세계 500대 기업 중 30여 곳을 포함해서, 현재 300여 업체가 참여한다.[21] 특히 에너지를 많이 쓰거나, IT 분야를 주도하는 기업의 참여율이 높다. 이 기업들은 부품 공급사들에 같은 기준을 요구하는 경우가 많다. 예를 들면, BMW와 같은 글로벌 자동차 업체가 하이브리드차나 전기차에 필요한 배터리의 공급사에 '배터리를 만들 때 쓰는 전력을 100% 재생에너지만으로 공급받기'를 요구하는 것 등이다.

그러나 삼성, LG 등의 한국 기업은 RE100의 조건을 맞추기 어렵다. 제조업체가 RE100을 만족하려면 태양광이나 풍력 발전 사업자와 직접 전력을 거래하거나 재생에너지 공급인증서를 구매해야 하는데, 우리나라는 아직 관련 법제가 충분하지 않다. 그나마 다행히도 이 문제를 해결할 수 있는 법률 개정안이 국회에서 논의되고 있다.

국내 재생에너지 도입을 위해 해결할 문제는 또 있다. 재생에너지 발전소를 지어도 전국 전력망에 연결할 설비가 부족한 지역들이 있다. 한국전력공사의 공용 전력망이 부족해서 생기는 문제다. 이 역시 정부와 한국전력공사에서 개선 조처를 하고 있다. 기후위기 대응을 위해서 꼭 필요한 재생에너지 도입, 여러 가지 문제가 있지만 하나씩 해결하면서 진척시켜야 국내 기업도, 한국도 국제 경쟁에서 살아남을 수 있을 것이다.

미래의 에너지창고 전기자동차

#리튬이온전지 #V2G

2020년 10월 9일, 리튬이온전지를 개발한 세 명의 과학자, 존 구디너프 John Goodenough, 스탠리 휘팅엄 Stanley Whittingham, 요시노 아키라 吉野彰, Akira Yoshino에게 노벨 화학상이 돌아갔다. 리튬이온전지의 개발이 인류사회에 크게 영향을 미치기 때문이다.

스마트폰, 노트북 컴퓨터, 전동킥보드, 전기자전거 등에 사용하는 리튬이온전지는 지구에서 가장 가벼운 금속인 리튬을 주원료로 한다. 에너지 밀도가 높아서 경량화와 소형화가 필요한 기기에 널리 쓰인다. 또 수백 혹은 수천 번 충전과 방전을 거듭해도 저장할 수 있는 에너지의 양이 감소하지 않는다. 최근 친환경과 에너지 효율 관점에서 주목받는 전기자동차도 리튬이온전지를 사용한다. 외국의 테슬라·볼트EV나 우리나라의 쏘울·코나·니로 등의 전기자동차, 전기버스 역시 리튬이온전지로 움직인다.

리튬이온전지를 사용해서 전력 비용을 절약할 수도 있다. 전기 사용량이 많은 기업은 저렴한 심야 전력을 리튬이온전지에 충전해서 전력 요금이 비싼 낮 시간대에 사용한다. 전력 공급자, 즉 발전사업자는 태양광이나 풍력 발전량이 수요보다 많을 때는 리튬이온전지에 저장했다가 수요가 늘어나는 때에 맞춰서 공급하기도 한다.

전기 자동차와 기후위기 대응

전기로만 구동하는 전기자동차는 매연을 배출하지 않는다는 장점이 있으며, 지구온난화의 원인으로 밝혀진 이산화탄소를 배출하지 않는다. 최근에는 친환경에 대한 사람들의 인식이 변화하고, 세계적으로도 친환경 정책이 대세로 자리 잡고 있어 전기자동차와 같은 친환경 차량의 시장규모와 판매량은 계속 늘어날 전망이다.

전기자동차가 기후위기에 도움을 준다는 주장은 에너지 소비와 생산도 포함한다. 에너지 소비 측면에서 전기자동차는 내연기관 자동차보다 같은 에너지로 훨씬 먼 거리를 주행한다. 미국환경청의 실 주행거리 측정 결과, 같은 양의 에너지를 공급했을 때, 현대자동차의 아이오닉 전기자동차는 동급의 휘발유차보다 3배, 프리우스 같은 하이브리드차보다 2배 넘게 더 주행했다. 전력 공급자 측에 화석연료 발전소가 포함되었다 해도 실제 온실가스 배출량은 줄어든다. 에너지경제연구원은 2017년 보고서에서 같은 거리를 갈 때 전기자동차가 배출하는 온실가스가 휘발유 자동차보다 반 이상 적다고 발표했다.

에너지 수급 측면에서 전기자동차는 효율이 좋다. DNV GL[c]

---

[c] **DNV GL**: 해양산업과 에너지의 동향을 파악하는 세계 최대 선급협회.

이 2020년 발표한 에너지전환 전망 보고서에서 전 세계가 기후변화대응을 위해 에너지 시스템을 바꿀 때 태양광, 육상풍력, 해상풍력의 급증 등에 따라 전력 수급의 변동 폭이 커질 것으로 예측했다. 전체 전력 수급 변동 폭의 65%가 재생에너지원에 따른 것이고, 35%는 날씨와 일상생활, 경제활동 변화 등에 따라 실시간으로 출렁이는 수요의 변동으로 발생한다. 기존의 화석연료나 원자력 발전소의 출력 조정으로는 38%밖에 대응하지 못한다. 일시적 변동 폭을 맞추려고 대형 발전소를 많이 짓는 데는 한계가 있다. 대신 리튬이온전지를 중심으로 하는 전력 저장 장치가 전력 수급 변동 폭의 36%를 해결할 수 있다고 예측했다. 말하자면 하나의 리튬이온전지가 원자력 에너지, 화석연료의 에너지 생산량과 필적한다는 것이다.

전기 자동차의 미래

앞으로 전력 수급 변동 폭을 해결하는 것은 전기자동차다. 국제에너지기구는 2018년에 510만 대인 전기자동차가 2030년이면 1억 3천만 대 보급될 것이라고 한다. 전 세계가 적극적인 기후변화 완화 정책을 시행한다면 전기자동차 보급이 훨씬 많아져서 2030년까지 2억 5천만 대가 팔릴 것으로 추정한다. DNV GL은 에너지 전환을 위해서는 2050년까지 전기자동차가 17억 대로 늘어나서, 전체 자동차의 68%를 차지해야 한다고 주장한다.

그러나 내연기관차 판매 하락에 따른 온실가스 배출량 감소만으로는 기후위기에 대응할 수 없다. 이때 등장하는 것이 V2G^{Vehicle}

to Grid다. 전기자동차를 전력 저장 장치로 활용해서 전기자동차가 주차돼 있을 때는 리튬이온전지의 전기에너지를 전력망으로 역 공급하는 기술이다. 최대 주행거리가 약 400km인 코나 전기자동차는 64kWh의 전력을 저장한다. 완충된 상태의 코나가 집에서 출발하여 18km 남짓 운전하면 리튬이온전지에 저장된 전기에너지의 1/20도 채 쓰지 않는다. 에너지의 95%가 남아있는 전기자동차를 퇴근 시간까지 주차장에 세워, 남은 전력량의 15%를 전력 수요가 많은 낮 시간대의 전력망에 역 공급한다. 전력량 15%는 약 9kWh인데, 에어컨을 약 4~5시간 동안 작동할 정도의 전력량이다. 많은 수의 전기자동차가 전기에너지를 함께 역 공급하면, 낮 시간대 가스 복합화력 발전소 가동률이 줄어들 것이다. 코나는 그렇게 해도 50kWh가 남아 퇴근 이후에도 300km 넘게 이동할 수 있다.

DNV GL은 V2G를 통한 전력 수급 변동 조절 잠재량이 다른 전력 저장 장치보다 크다고 예상한다. 2020년 6월, 대한민국 정부는 V2G 도입을 위해 기술을 고도화하고 실증할 뿐만 아니라 중장기적으로 차량 방전 전력을 전력시장에 판매하는 비즈니스 모델을 만들겠다는 목표를 밝혔다.

V2G의 핵심기술은 개발되었으나, 실제 도입에는 넘어야 할 난관이 많다. V2G가 기대한 효과를 내려면, V2G 기능이 있는 전기자동차가 많이 보급되어야 한다. 전력 수급이 불안정할 때 저장했던 전력을 언제나 전력망에 공급하고, V2G 기능을 지원하는 충전소들이 공공 전력망과 양방향으로 전력을 주고받을 수 있어야 한

다. 전력의 수요와 공급도 전체 전력망의 균형을 고려해 실시간으로 조절되어야 한다. 전기자동차에서 V2G를 통해 전력을 공급할 때 실시간으로 전력 수급을 맞추면서 자동차의 배터리 수명을 안정적으로 관리할 수 있는 기술도 발전해야 한다. V2G에 참여하는 전기자동차 소유자가 기술과 법적 혜택을 받을 수 있는 지원도 세밀하게 준비해야 한다.

되짚어 보면 백발이 성성해진 노^트과학자들이 수십 년 전에 개발한 리튬이온전지가 현재의 우리 삶을 윤택하게 만들었다. 지금 우리는 후손들의 건강하고 풍요로운 삶을 위해 기후변화 완화와 안정적인 전력망 운영을 이뤄내야 한다.

에너지 운반체 수소는 정말 효과적일까?

#녹색수소 #수소 계층 피라미드

2021년 2월 5일, 한국에서 수소 생산·수급을 지원하고 수소 전문기업·수소특화단지를 육성하는 법률이 세계 최초로 시행되었다. 정식명칭은 「수소 경제 육성 및 수소 안전관리에 관한 법률」, 일명 「수소법」이다. 정부와 기업의 표면적인 활동만으로 판단하면 우리나라는 수소 경제를 국가 장기 발전목표의 한 축으로 삼은 듯하다.

정부는 2019년 1월 〈수소 경제 활성화 로드맵〉을 발표했고, 2020년 7월부터 국무총리를 위원장으로 하는 '수소 경제위원회'를 정기적으로 개최하고 있다. 2021년 3월에는 〈수소 경제 민간투자 계획 및 정부 지원방안〉을 발표하여 민간투자를 적극적으로 지원하겠다는 약속도 했다.

수소 경제는 정부만의 의제가 아니다. 기업도 수소에 투자한다. 주요 중앙 부처와 광역기초지자체가 특별회원으로 가입한 사단법인 수소융합 얼라이언스 H2Korea 에 한국가스공사, 한국에너지공단,

현대자동차, 두산퓨얼셀, 린데코리아, 에어리퀴드코리아 등 공기업, 대기업, 외국기업이 다수 참여했다. 기업의 국제협력도 활발하여 전 세계 수소 관련 기업 최고경영자 모임인 수소위원회 Hydrogen Council 가 2017년 출범했다. 우리나라는 현대자동차의 정의선 부회장이 2019~2020년에 회장을 역임할 정도로 적극적으로 활동한다.

「수소법」에 따르면 '수소 경제'란 수소의 생산 및 활용이 국가, 사회와 국민 생활 전반에 근본적 변화를 선도하여 새로운 경제성장을 견인하고 수소를 주요한 에너지원으로 사용하는 경제산업구조를 가리킨다. 그런데 과연 수소가 새로운 경제 동력이 될 수 있을까? 수소 정책이 2050년 탄소중립 달성에 얼마나 도움이 될까?

화석연료 소비를 부추기는 수소

수소는 생산 방법에 따라 온실가스 배출량이 달라지며, 이를 색상에 대입하여 구분한다. 노란 수소, 갈색·검정 수소, 회색 수소, 파란 수소, 자주색·분홍 수소, 청록 수소, 햇빛 수소, 녹색 수소로 나눈다. 현재 우리나라에서 쓰는 수소는 2018년 기준으로 100%가 회색 수소다.[22] 회색 수소 grey hydrogen 는 성숙된 기술이지만, 화석연료 사용으로 이산화탄소 배출량이 많다. 한국의 수소 연 생산량은 13만 톤으로, 수소 1톤을 생산할 때마다 약 10톤의 이산화탄소가 대기 중으로 배출된다.

한국만 회색 수소를 쓰는 것은 아니다. 국제에너지기구에서 발표한 전 세계 수소 소비량 추정치를 보면, 회색 수소가 99%를 넘는다. 2018년 공급량 약 1억 1천 700만 톤 중 회색 수소가 아닌 수

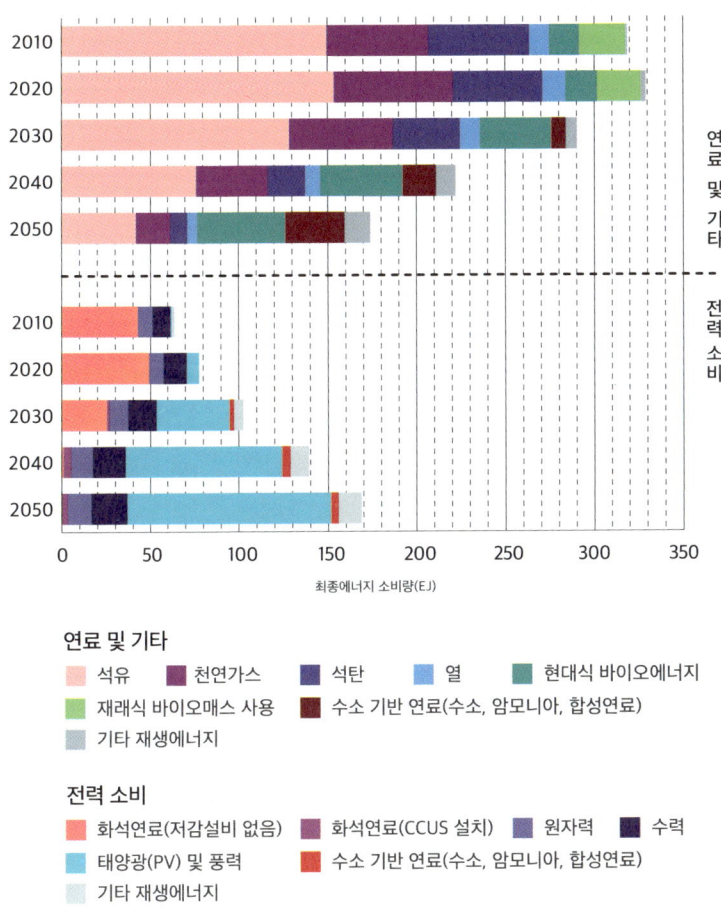

**2050년 전 세계 에너지 부문
온실가스 순배출량 영점화를 달성하는 최종에너지 소비**

출처: IEA (2021)

소는 80만 톤 미만이다.[23] 전 세계가 수소를 활용한 온실가스 저감을 말하지만, 현재로서 수소는 쓸수록 화석연료 소비만 부추길 뿐

원료와 생산 방법에 따른 수소의 색깔 구분
출처: 김기봉·김태경(2021), EPRS(2021), Vigor(2021)

종류	생산법	배출계수	특징
노란 수소 (yellow hydrogen)	• 전력망(발전원 혼합)에서 공급받은 전기를 써서 수전해(electrolysis)로 생산	송배전 손실을 반영한 전력배출계수(gCO_2/kWh)와 수전해 효율 고려	• 발전원의 종류에 따라 이산화탄소 배출량이 증가할 수 있음 • 유럽연합 27개국 평균 발전원 혼합 전력배출계수(Vigor, 2021)에 따르면 25 tCO_2/tH_2
갈색/검정 수소 (brown/black hydrogen)	• 석탄 가스화로 생산 • 갈탄(lignite)을 쓰면 갈색 수소 • 유연탄(bituminous coal)을 쓰면 검정 수소	19 tCO_2/tH_2	• 다량의 이산화탄소 및 일산화탄소가 대기 중으로 배출됨
회색 수소 (grey hydrogen)	• 화석연료(주로 천연가스)에서 증기개질로 생산 • 자열개질로 생산하기도 함 • 정유공정(납사분해) 및 제철공정의 부산물로 생산되는 부생수소 포함	10 tCO_2/tH_2	• 성숙한 기술 • 열과 물질 손실 • 반응과정에서 코크스 집적
파란 수소 (blue hydrogen)	• 갈색·검정·회색 수소와 같은 방식으로 생산하지만, 공정에서 배출되는 이산화탄소를 포집 후 저장 또는 이용	0.64-0.99 tCO_2/tH_2	• 탄소저장(CCS) 또는 탄소이용(CCU) 설비 유무에 좌우됨
자주색/분홍 수소 (purple/pink hydrogen)	• 원자력 발전소에 연결, 수전해로 생산	이산화탄소 무배출	• 원자력의 대중 수용성 문제
청록 수소 (turquoise hydrogen)	• 메탄(천연가스) 열분해 (수소와 고체 탄소로 분리)로 생산	이산화탄소 무배출	• 에너지 집약적 공정 • 다량 발생하는 미세한 탄소 분말(carbon black)처리 방법이 없음
햇빛 수소 (sunlight hydrogen)	• 태양에너지를 사용하여 광촉매 분해로 생산 (수전해 과정 없음)	이산화탄소 무배출	• 실험실 연구 또는 시제품 개발 단계
녹색 수소 (green hydrogen)	• 재생에너지 전력으로 수전해 생산	이산화탄소 무배출	• 재생에너지와 물의 공급 여부

이다. 최근에는 배출되는 이산화탄소를 모아 저장하는 파란 수소 blue hydrogen가 주목받는다. 파란 수소는 탄소저장 또는 탄소 이용 설비의 기술성숙에 따라 결과가 좌우되므로 많은 연구가 필요하다.

탄소중립을 위해 수소가 꼭 필요할까?

국제에너지기구는 2050년까지 전 세계 온실가스 순배출량영점화 net zero 달성을 위해, 석유에너지와 화석연료 사용을 줄이고 바이오에너지와 수소 기반 연료의 사용량이 증가할 것으로 예측한다. 2030년 수소 소비량은 전체 최종에너지 소비량의 2.6%, 2050년 전체 소비량의 10.8%를 차지할 것이다. 2020년 전체 에너지 소비가 줄어드는데 수소 소비량은 왜 급증할까?

국제에너지기구가 수소의 역할이 커질 것으로 예상하는 이유는, 산업에서 수소를 대체할 에너지운반체 energy carrier 가 부족하다고 판단하기 때문이다. 화학산업은 수소로 물질에 있는 황을 제거하고, 비료를 생산한다. 제철 제강이 탄소를 배출하지 않고 제품을 계속 만들기 위해서는 수소환원제철 기술이 유일한 탈출구다. 현재로서 유망한 탈탄소 기술도 수소가 필요하다. 수소연료전지로 전력을 생산하고, 한시적으로는 기존의 화력발전소의 연료에 수소 기반 연료를 혼합한다. 대형 트럭 등은 수소연료전지를 사용할 가능성이 크다. 선박 엔진은 저탄소 기술이 발전할수록 수소 기반 연료인 암모니아를 주 연료로 삼을 것이다. 항공 부문도 장거리 수송의 탄소중립을 위해서 수소 기반의 합성 연료를 쓸 수밖에 없다.[24]

현재 수소는 제철 제강, 화학, 정제업 등에서만 자가 소비된다.

하지만 기후변화 완화를 위해서 수소 또는 수소 기반 연료의 형태로 전력 생산이 바뀌고, 도로·항공·선박 등의 수송, 산업, 가스공

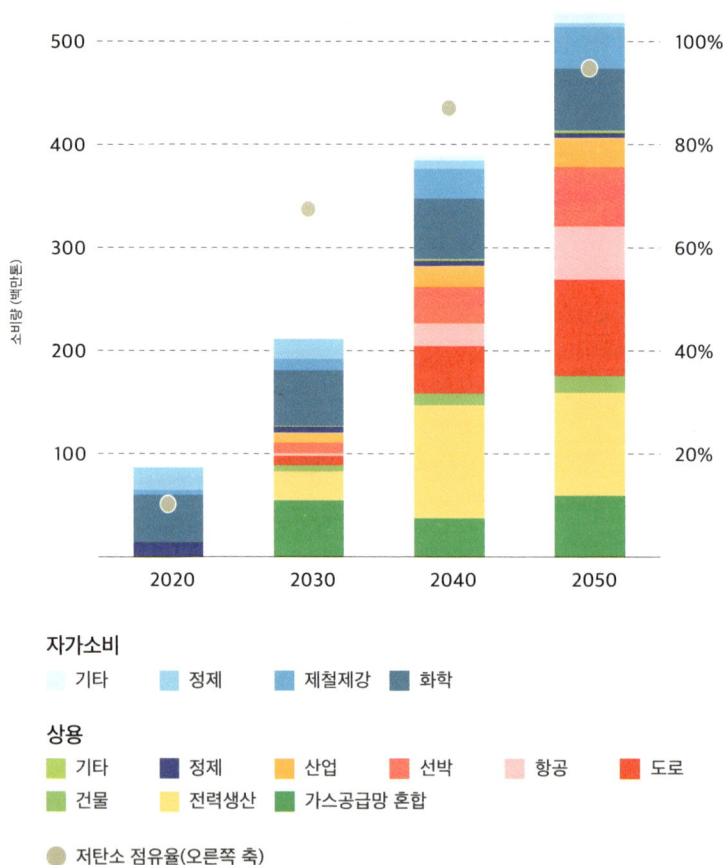

2050년 에너지 부문 온실가스 순배출량 영점화를
달성하는 수소 및 수소기반 연료 소비

출처: IEA (2021)

급망 혼합 등의 용도에 널리 쓰일 가능성이 크다. 결과적으로 8천 720만 톤이던 수소 소비량은 연평균 6.2% 증가해서 2050년에는 5억 2천 800만 톤에 이를 것으로 본다.

꼭 수소를 사용해야 할까? 국제에너지기구의 예측은 공급자 관점에 치우쳐 있다. 수요자가 기후변화대응을 위해 에너지 소비를 줄이고 최종에너지원을 선택적으로 소비하면 수소의 수요를 더 줄일 수 있다. 유럽환경국은 이러한 발상의 전환을 '수소 계층 피라미드'로 제시한다.

수소 계층 피라미드는 수소에너지가 사용되는 과정을 여섯 가지로 나눈다. 처음 수소 계층 피라미드는 수소에너지를 사용하지 않는다는 관점에서 시작한다. 사회 전체적으로 지구의 한계를 넘어서지 않는 생산과 소비 행태를 통해 수소 생산을 최대한 줄인다. 그다음 에너지와 자원의 사용 효율을 높여 에너지 수요를 감축한다. 순환경제의 원칙을 전면적으로 시행한다. 기존의 제품과 원료를 최대한 활용함으로써 에너지 수요를 한층 줄인다. 그래도 에너지 생산이 필요하면 생산공정에 들어가는 화석연료를 재생에너지 전력으로 대체하여 에너지 소비량을 줄인다. 여기까지는 아직 수소가 필요하지 않다. 그래도 수소가 필요한 생산활동이 남았다면 이미 충분히 보급되어서 에너지 공급량이 풍부해진 태양광이나 풍력의 잉여 전력을 수소 생산에 쓴다. 그렇게 하고도 수소가 필요하다면 수소 생산만을 위해 가동하는 재생에너지 전력을 투입한다.

수소는 탄소중립을 위해 꼭 필요하지만, 정부와 기업이 투입하

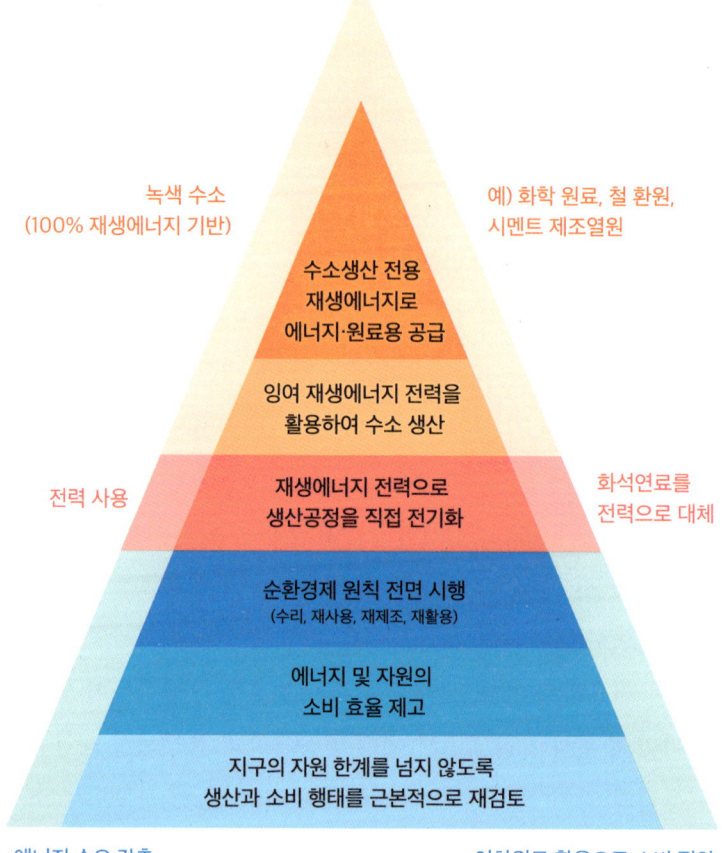

는 세금과 자원이 제값을 할 만큼 유용하지 않다. 수소는 대부분 화석연료로 생산하거나 화석연료를 써서 다른 물질을 만드는 과정의 부산물에서 나온다. 이산화탄소를 배출하지 않는다는 수소 생산 기술들도 대부분 성숙하지 않거나 화학반응에서 에너지를 많이 소모한다. 각국 수소 경제 정책의 타당성이 확인되지 않다 보니, 가스산업의 수명을 연장하기 위한 기존산업 중흥정책이라는 의심의 눈초리도 있다.[25]

에너지전환에 성공하기 위해서는 화석연료 기반 산업의 세대교체가 필요하다. 물러나야 하는 기존산업의 수명을 연장하지 말고, 근본적 변화를 지원하는 정책이 선행되어야 한다. 수소 사용을 최소화하며 생산과 소비 활동을 혁신하고, 수소가 꼭 필요하다면 지속 가능한 미래를 위해 녹색 수소만을 생산하고 써야 한다.

우리집 에너지 사용 어떻게 줄일까?

#친환경 콘덴싱 보일러

최근 국내 1인당 전력 사용량이 일본보다 많다는 보도가 있었다.[26] 제목만 보면 '우리나라 사람들이 전기를 낭비하나?' 하는 생각이 든다. 그러나 통계는 정확한 수치를 들여다봐야 한다. 한 나라의 전체 전력 소비량을 인구로 나눈 1인당 전력 사용량은 '전력 소비량'과 '인구' 외에는 다른 정보가 없다. '사람' 외의 전력 소비 주체를 알 수 없기 때문이다. 정말 우리나라 사람들이 다른 나라 사람들과 견주어 얼마나 전력을 소비하는지 알고 싶다면 '가정용' 또는 '주택용' 전력을 비교해야 한다.

OECD 회원국의 주택용 전력 소비량을 인구로 나누면, 한국 1인당 전력 소비량은 연간 약 1만kWh로 일본보다 많다. 원인은 일본의 1.9배가 넘는 산업 부문의 전력 소비량 때문이다. 주택용 소비량은 약 1천 3백kWh로서, 일본의 약 2천kWh에 비하면 63% 수준에 불과하다.[27]

OECD 회원국의 주택용 에너지 소비량을 각 나라의 국민 수로

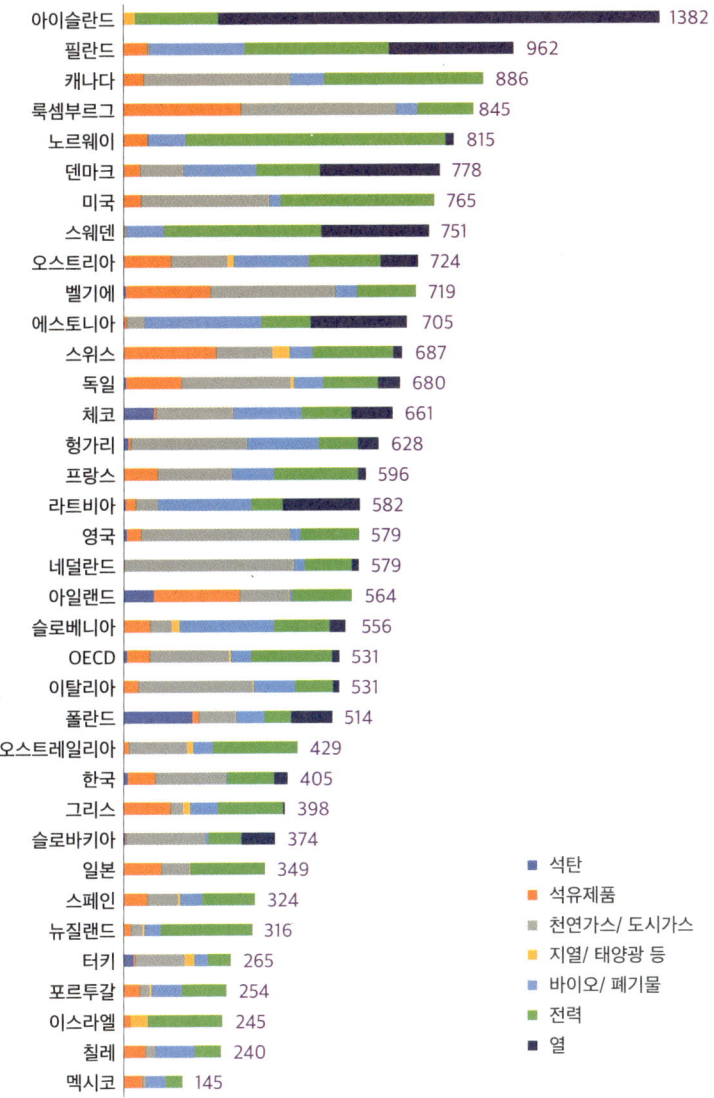

나누면 어떤 결과가 나올까? 한국인이 사용하는 에너지 소비량은 1인당 405 석유환산킬로그램kilograms of oil equivalent으로, 일본 국민보다 에너지를 많이 쓴다.[28] 전력사용은 일본보다 적지만, 도시가스는 일본보다 많이 사용한다. 한국이 주택의 난방, 취사, 급탕을 도시가스로 쓰는 경우가 많기 때문이다.

주택의 1인당 에너지 소비량은 기후와 상관관계가 크다. 핀란드 헬싱키는 겨울이 길고 추운 지역으로 연평균기온이 -8°C에서 21°C다. 국토의 70%가 사막인 이스라엘 예루살렘은 연평균 최저 5°C 최고 30°C로 기온이 높다.[29] 수도의 평균기온이 낮을수록 1인당 에너지 소비량이 많다. 아이슬란드, 핀란드, 캐나다 등 추운 나라가 대표적이다. 에너지전환에 성공한 독일 국민도 OECD 평균보다 에너지를 많이 소비한다.

이 상관관계는 우리나라에도 적용된다. 제주, 부산 등의 따뜻한 지역이 강원, 충북 등의 추운 지역보다 에너지를 훨씬 적게 쓴다. 가정에서는 여름 냉방보다 겨울철 난방에 에너지를 훨씬 많이 쓰고 있음을 알 수 있다.

왜 이러한 차이가 날까? 겨울철에 더 많은 에너지를 사용하는 것은 쾌적한 실내 온도를 유지하기 위해서다. 여름철은 실내와 실외 온도의 차이가 10°C를 넘지 않는다. 여름철 실외 기온이 35°C일 때 10°C만 낮추어도 실내 온도는 25°C가 된다. 그러나 겨울은 계산이 다르다. 실외 기온이 영하 5°C일 때 실내 온도를 18°C로 높이려면, 23°C를 올려야 하기 때문이다.

앞으로 기후 온난화가 심해진다 해도 여름에 전기를 아끼는 것

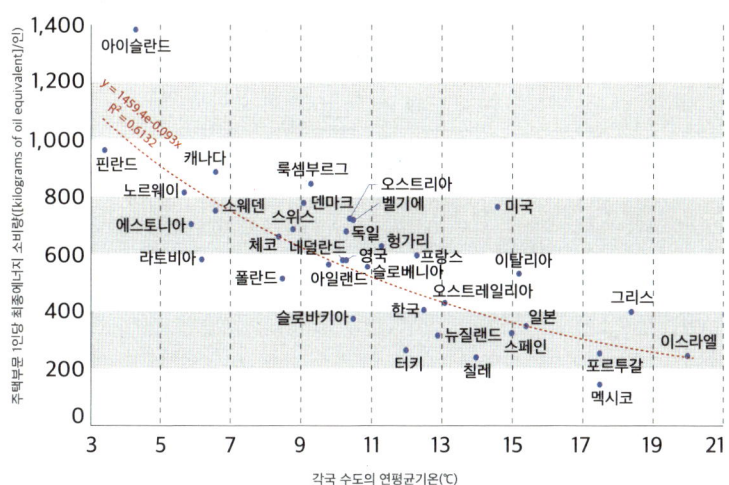

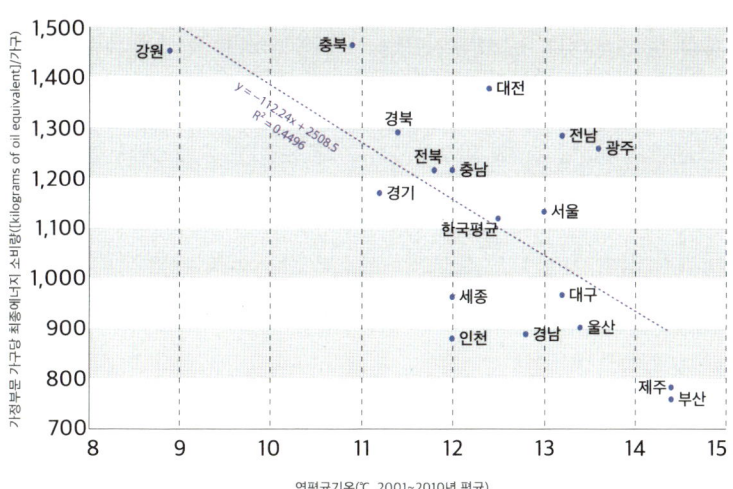

보다 겨울철 난방·온수 효율을 높이는 정책이 더 크게 에너지 절감 효과를 낸다. 겨울에 쓰는 에너지, 특히 도시가스 효율을 획기적으로 높이면 국내 가정 에너지 사용량이 많이 줄어들 것이다. 예를 들어, 저녹스^{低NOx} 보일러를 과감하게 도입하면 에너지 사용 총량을 절감하고, 미세먼지도 줄일 수 있다. 친환경 콘덴싱 보일러라고 부르는 저녹스 보일러는 배기가스로 버려지는 높은 온도의 열을 흡수하고 재활용하기 때문에 에너지효율이 높다.

질소산화물 저감효과도 크다. 미세먼지 전구물질인 질소산화물도 기존 보일러보다 80% 덜 배출하고[30] 효율도 11% 더 좋다.[31] 화력발전소나 제철 제강 산업의 미세먼지는 주거지역에서 멀리 떨어진 사업장에서 배출되지만, 냉·난방 시 발생하는 미세먼지는 주거지역에서 배출된다. 대기 정체 시 미세먼지가 악화하는 원인에 경유차는 물론, 도시가스를 쓰는 난방·온수 보일러도 영향을 미친다. 서울을 비롯한 도시의 주거용 시설과 상업·공공시설은 엄청난 도시가스를 소비한다. 질소산화물도 바로 거주자·사무 종사자 바로 옆에서 배출되어 결국 미세먼지로 전환된다.

보일러 1대당 20만 원의 보조금 지급, 고효율에 따른 도시가스 소비량 저감 등 경제적 편익뿐만 아니라, 거주지 주변의 고농도 미세먼지 악화 가능성을 홍보한다면, 보일러 교체 비율이 현재 정책 목표보다 더 높아질 것이다. 기존 건물 단열 시공 보조정책과 함께 강화한다면 에너지 절약은 물론 미세먼지도 크게 줄어들 것으로 기대된다.

4부

기후위기 대응

우리가 할 수 있는 것

고래 1마리가 온실가스를 줄인다

#나무 1천 500그루 #이산화탄소 170억 톤 포집

유엔환경계획의 〈2019 배출량 간극 보고서〉는 기후변화에 대응할 수 있는 기술이 많이 개발되었고 일부 국가에서는 성과를 거두지만, 전 지구적으로는 온실가스 감축에 진척이 없다고 했다. 최근 일부 과학자들은 기존에 관심을 크게 기울이지 않았던 자연생태계 복원을 통한 nature-based; ecosystem-based 기후변화대응 방법을 추가로 제안했다.

육상 생태계 복원: 나무를 심자

가장 많이 알려진 것이 나무를 키워 이산화탄소를 저장하는 것이다. 식물은 광합성으로 대기 중의 이산화탄소를 흡수한 뒤에, 산소는 대기에 공급하고 탄소는 생물량으로 저장한다. 풀보다는 오래 살고 탄소를 계속 잡아놓는 나무일수록 기후변화 완화에 도움이 된다.

최근 《Science》에 실린 논문은 인류가 복원할 수 있는 현실적인 최대 산림 면적과 탄소 고정량[a]을 신빙성 있게 계산해서 관심을 받았다.[1] 연구진은 전 세계 보호구역의 촬영 사진 약 7만 9천 장을 분석했다. 촬영 사진과 실제 환경의 관계를 파악하고, 농지와 도시를 제외한 보호구역의 주변 지역이 보호구역 수준으로 복원되는 것을 가정했다. 그 결과, 산림복원 가능지역에서 저장할 수 있는 이산화탄소의 총량이 약 7천 5백억 톤이라는 것을 도출했다. 2018년에 전 세계 화석연료 연소에서 나온 이산화탄소 배출량이 375억 톤인 것을 생각하면 전 세계 이산화탄소 배출량을 20년 동안 저장할 수 있는 놀라운 결과라고 할 수 있다.

바다 생태계 복원: 고래를 보호하자

바다생물을 이용한 기후변화대응 방법이 IMF의 보고서[2]에 실렸다. 학자들은 지구를 구하는 데 고래 한 마리가 나무 수천 그루만큼의 능력이 있다고 말한다. 최근 해양생물학자들은 대형 고래들이 대기 중의 탄소를 포집하는 데 중요한 역할을 한다는 사실을 확인했다. 육지에서 생물을 이용한 탄소 배출량 저감 프로그램에 들어가는 재정의 일부를 고래 개체군을 복원하는 데 쓴다면 비용 대비 온실가스 감축 성과를 더 많이 거둘 수 있다는 주장이다.

많은 해양생물 중 왜 고래일까? 고래는 덩치가 커서 몸에 탄소를 많이 저장한다. 흰 긴수염고래로 불리는 대왕고래는 몸길이 33

---

[a] **탄소 고정량**: 산림을 복원했을 때 산림에서 새로 자라는 풀과 나무가 광합성을 통해 대기 중의 이산화탄소를 흡수해서 저장하는 양

미터, 몸무게 190톤의 거대 해양생물이다. 지구 역사상 가장 거대했던 초식공룡보다 크다. 또 고래의 평균수명은 60년으로 매우 길다. 전 세계에 약 90여 종의 고래가 서식하며, 200년이 넘게 사는 북극고래도 있다.

대형 고래가 죽으면 사체의 무게로 깊은 바다의 바닥으로 가라앉는다. 바다 깊은 곳에 가라앉은 고래 사체는 평균적으로 한 마리당 이산화탄소 33톤을 수백 년 동안 저장하는 것과 같다. 나무는 한 그루당 일 년에 최대 이산화탄소 22kg을 저장한다. 그렇다면 고래 한 마리의 사체에 저장된 탄소는 나무 1천 5백 그루가 1년에 저장하는 양과 같게 된다.

고래의 개체 수가 늘어나면 단순히 33톤에 마릿수를 곱하는 만큼의 이산화탄소만 저장되는 것이 아니다. 식물성 플랑크톤의 생물량 증가에도 고래의 역할이 크다. 바닷물 상부에 떠다니는 식물성 플랑크톤은 여느 식물과 다름없이 이산화탄소로 광합성한다. 대기 중 산소의 50% 이상이 식물성 플랑크톤의 광합성 산물이며, 식물성 플랑크톤이 흡수하는 이산화탄소의 양은 전체 아마존 열대우림이 흡수하는 양의 4배에 달한다.

과학자들은 최근에 고래의 이동 경로를 따라서 식물성 플랑크톤이 급증하는 이유를 알아냈다. 고래의 배설물, 그중에서도 철분과 질소가 식물성 플랑크톤의 성장과 증식에 중요한 양분을 공급한다. 특히 포유류인 고래는 숨을 쉬기 위해 주기적으로 해수면 위로 올라간다. 그때마다 고래가 식물성 플랑크톤에게 깊은 바다에서 섭취한 영양소를 준다.

고래의 개체 수를 자연 상태로 복원할 경우 추가 포집할 수 있는 이산화탄소는 1년에 170억 톤에 달한다. 2018년 화석연료 연소에 의한 이산화탄소 배출량 절반에 가까운 양이다. IMF는 현재 국제시장에서 거래되는 이산화탄소의 가격을 고려했을 때, 탄소 가격만으로도 고래 한 마리를 보존하는 행동의 경제적인 가치가 2백만 달러, 우리 돈으로 20억 원이 넘을 것이라고 예상한다.

바다에 고래가 많이 살면 해양 생태계의 먹이사슬이 깨질 것이라는 우려도 있다. 그러나 현재 고래의 개체 수는 적다. 전 세계의 바다에 약 130만 마리의 고래가 사는데, 고래사냥이 시작되기 전에는 400~500만 마리가 살았다. 고래의 수가 지금보다 3~4배까지 늘어나야 그나마 자연 생태계를 복원하는 수준이 된다. 일본과 캐나다를 제외하면 주요 국가에서 상업적인 고래잡이가 금지된 상태여서 일부 고래는 개체 수가 증가하고 있다. 그러나 선박과의 충돌, 다른 물고기를 잡기 위해 설치한 그물에 고래가 걸려 죽는 혼획, 해양 플라스틱 폐기물 오염, 소음 공해 등으로 여전히 많은 고래가 생존에 위협을 받는다. 국내에서 혼획으로 죽는 고래가 1년에 최대 2천 5백 마리가 넘는다는 사실을 인지해야 한다.

오염과 위험 요인을 줄이고 없앤다면 고래의 개체 수와 식물성 플랑크톤의 생물량을 늘려서 육상에서 미처 포집하지 못한 이산화탄소를 바다에 저장할 수 있다. 또 고래의 활동 덕에 식물성 플랑크톤이 늘어나면 다른 물고기가 더 늘어나서 사실상 어업에 큰 도움이 될 것이다.

우리나라 온실가스 배출, 주범은 누구인가?

#전기와 열 #산업 부문 #직간접배출

전 지구 탄소 프로젝트[b]의 추산치에 따르면, 국내 이산화탄소 배출량은 1994~2019년 사이에 연평균 2.3% 증가했다.[3] 1994년 14위였던 국가 총배출량이 2009년에는 9위가 되면서 15년 사이에 다섯 계단 순위가 상승했다. 그런데 최근 10년 동안은 순위가 상승하지 않았다.

1994년 한국의 1인당 CO_2 배출량은 7.7톤으로 39위였는데, 25년 동안 연평균 1.8% 증가하여 2019년에는 1인당 배출량 11.9톤이 되어 세계 17위가 되었다. 국가 전체 배출량은 10년 전부터 상승을 멈춘 데 비해, 국민 1인당 배출량 순위는 2019년에 와서야 상승세가 꺾였다.

---

b **전 지구 탄소프로젝트**: 기후과학자들의 모임으로서 매년 전 세계의 탄소 배출량과 흡수량, 대기 중 이산화탄소 농도 등에 관한 가장 신뢰할 만한 자료를 '전 지구 탄소 예산'이라는 제목의 논문으로 발표한다.

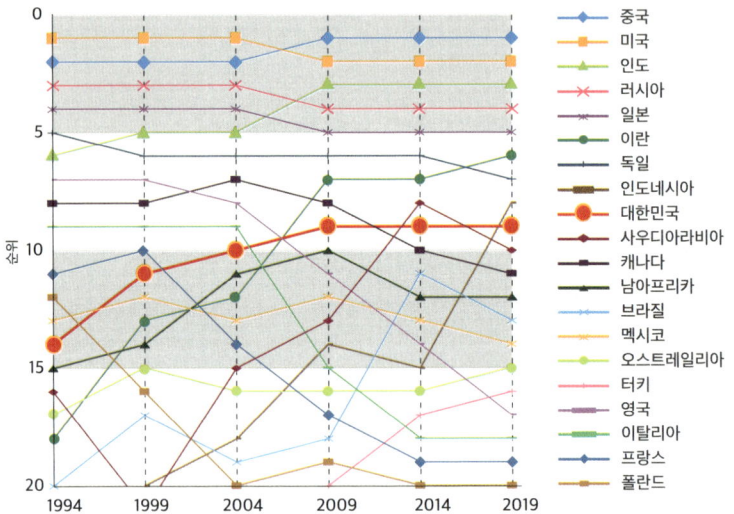

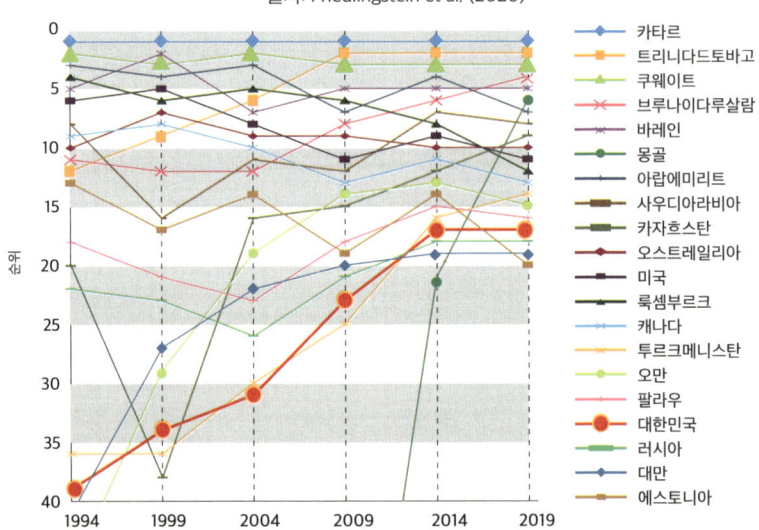

온실가스 감축의 핵심은 전기와 열 수요 줄이기

국내 온실가스 배출을 주도한 것이 무엇인지 알아보자. 널리 알려진 온실가스 배출량 통계들로 부문별 직접배출량은 어느 정도 알 수 있지만, 간접배출량까지 합한 전체 배출량을 파악하기 힘들다. 우선, 부문별 온실가스 배출량의 변화를 확인해 보자.

2019년 기준으로 우리나라는 '전환' 부문이라고도 부르는 '전기 및 열' 생산에서 국가 총배출량의 43%가 넘는 온실가스가 나온다. 연평균 증가율도 4.9%에 달해, 모든 부문 중에서 가장 높은 수준이다. 그렇다면 '전환' 부문이 우리나라 온실가스 배출량 증가의 요인일까?

그렇지 않다. '전환' 부문의 배출량은 대부분 다른 부문에서 필요로 하는 전기와 열을 생산하는 데서 비롯됐기 때문이다. 물론 전환 부문이 획기적인 에너지 전환에 성공해서 온실가스 배출량을 '0'으로 낮출 수 있다면 당장 문제가 해결되겠지만, 단시일 내에 이루기 힘들다면 전기와 열에 대한 수요도 줄여야 한다. 그래야 국가 전체의 온실가스 배출량을 줄일 수 있다.

그렇다면 전기와 열을 어느 부문이 더 쓰는가? 적어도 전기 수요는 쉽게 알 수 있다. 국내 전력 수요의 28.5%가 서비스업에서 나온다. 그다음이 가정 부문, 즉 주택[13.5%]이다. 그런데 이렇게 따지면 원래의 비교 목적을 달성하지 못한다. 온실가스 배출량이 전환 부문에 이어 2위였던 '수송-도로' 부문의 전기 소비량은 얼마나 되는지 명확하지 않다. 그리고 온실가스 배출량 추산치에서 쓴 부문과 전력수요 통계의 부문도 비슷하지만, 꼭 같지 않을 때도 많다.

국내 부문별 온실가스 배출량 변화

출처: Minx, J.C. et al.(2021)

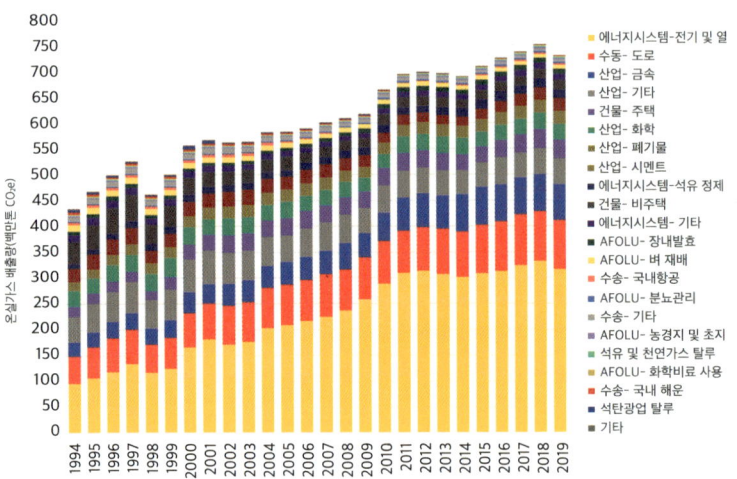

부문별 전력 사용량 (1994-2019)

출처: KOSIS (2021)

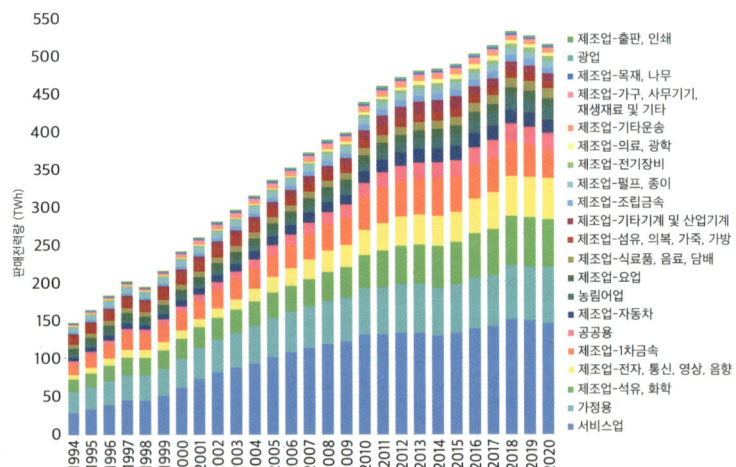

간접배출량을 반영한 부문별 국가 온실가스 총배출량 비율

직접배출량과 간접배출량을 합하면, 2018년에 국내에서 산업 부문이 온실가스를 가장 많이 배출했다. 55.7%에 달하여, 전통적인 구분에서 '전환 부문'이 차지하던 비율을 훨씬 넘어선다. 무엇보다도, 산업 부문이 전력 사용으로 간접배출하는 온실가스가 국가 총배출량의 17.6%나 되기 때문이다.

건물 부문도 약 24%의 온실가스를 배출한다. 상업·공공 부문은 전력을 많이 쓰고, 가정 부문은 전력과 도시가스를 많이 쓰기 때문이다. 수송 부문은 13.9%를 배출했다. 석유류의 연소 때문이다.

이번에는 국내에서 온실가스를 가장 많이 배출하는 산업 부문을 업종별로 구분해 보았다. 제1차 금속산업이 18.8%를 배출한다. 코크스 등을 포함하는 석탄류가 국가 전체의 14.4%를 배출하는 데다가 전력 소비로 간접배출하는 온실가스도 국가 총배출량의 약 3%를 차지한다. 화학 산업도 국가 전체 배출량의 11.8%를 차지하는데, 석유류 연소에서 나오는 6%뿐만 아니라 전력을 통한 간접배출량도 4%나 된다.

건물 부문도 세분해 보자. 가정 부문이 11.1%를 배출한다. 전력, 도시가스, 열에너지의 순으로 많은 온실가스를 직·간접적으로 배출한다. 앞서 지적한 대로 상업·공공이 전력 사용으로 국가 전체 배출량의 10.7%를 내뿜는데, 뒤집어서 생각하면 상업·공공 부문은 발전원의 탈탄소화에 따라 온실가스 배출량을 획기적으로 줄일 수도 있다.

수송 부문도 세분해서 분석하면, 육상운송업^{관용·자가용 일부 포함}뿐만

2018년 부문별 온실가스 배출량 (간접배출량 포함) 비율

구분	합계	간접 배출		연료 연소				직접 배출 — 폐기물 관련 배출				농업 관련 배출				
		전력	열에너지	석유류	석탄류	도시가스	기타 연료	폐기물 매립	폐기물 소각	하폐수 처리	기타 폐기물	벼 재배	농경지 토양	가축분뇨 처리	장내 발효	작물잔사 소각
산업 전체	55.674%	17.638%	1.565%	16.812%	15.869%	3.026%	0.765%									
건물 전체	23.961%	15.063%	2.076%	1.319%	0.345%	5.015%	0.143%									
상업공공 전체	12.870%	10.670%	0.094%	0.565%	0.089%	1.451%										
가정	11.091%	4.393%	1.982%	0.754%	0.256%	3.564%	0.143%									
수송 전체	13.861%	0.183%		13.303%	0.000%	0.375%										
농림어업	3.063%	1.057%		0.384%	0.108%	0.001%						0.878%	0.763%	0.688%	0.623%	0.002%
폐기물	2.383%							1.092%	0.990%	0.243%	0.058%					
탈루	0.623%															
에너지-미분류	0.434%															
총배출량	100.000%	33.941%	3.641%	31.818%	16.322%	8.417%	0.908%	1.092%	0.990%	0.243%	0.058%	0.878%	0.763%	0.688%	0.623%	0.002%

아니라 항송운송업, 수상운송업까지 석유류 연료의 연소에서 나오는 온실가스가 절대적으로 많다. 2018년까지는 전기자동차 등의 보급이 미미했기 때문에, 국가 온실가스 인벤토리에서는 수송 부문 전력을 통한 간접배출량은 전철을 쓰는 철도운송업에서만 나오는 것으로 추산하고 있다. 여기서 한 가지 덧붙일 것은, 국가 총배출량에 포함되지 않는 국제해운, 국제항공 부문의 배출량이 매우 많다는 점이다. 국제 벙커링으로 불리는 이들 부문은 점점 국가 배출량에 포함되는 추세이므로, 해운과 항공의 탈탄소화도 미리 적극적으로 대책을 세워 시행해야 한다.

직접배출량에 가려 드러나지 않았던 간접배출량도 온실가스 배출에 큰 영향을 끼친다는 것을 기억해야 한다. 이제 온실가스 감축을 위해서 전기 및 열의 수요를 줄이는 방법을 더 찾아야 한다. 그리고 기존의 직접배출량을 줄일 수 있는 연료의 직접 소비를 피하는 방법도 획기적으로 개선해야 한다.

2018년 부문별 온실가스 배출량 (간접배출량 포함: 천tCO₂.eq)

구분	합계	간접배출		직접배출												흡수
		전력	열에너지	석유류	석탄류	도시가스	기타 연료	폐기물 관련 배출				벼 재배	농경지 토양	농업 관련 배출		작물잔사소각
								폐기물 매립	폐기물 소각	하폐수 처리	기타 폐기물			가축분뇨처리	장내 발효	
산업 전체	399,351.1	125,514.4	11,223.2	120,592.5	113,825.9	21,708.2	5,486.9									
광업	733.7	435.0		164.0	129.6	5.1	0.1									
제조업	398,617.4	126,079.5	11,223.2	120,428.5	113,696.3	21,703.1	5,486.8									
음식료업	10,925.0	6,805.0	593.8	1,164.2	136.8	2,046.1	179.1									
섬유제품업	6,377.8	3,954.8	620.5	443.3	2.8	1,030.1	326.3									
펄프·종이	11,869.4	5,552.1	1,244.3	1,886.9	22.2	1,013.3	2,150.7									
정유	63,636.2	3,974.7	862.4	57,959.9	2.2	734.3	102.6									
화학	84,459.3	28,496.1	6,483.3	43,024.3	1,565.8	4,544.4	345.4									
비금속광물제품	27,856.5	6,202.6	94.3	9,399.6	8,503.1	1,623.4	2,033.5									
제1차금속산업	134,522.2	21,234.2	502.9	3,360.5	103,435.7	5,699.5	289.3									
전자장비제조업	23,782.3	21,677.6	653.6	75.6		1,366.1	9.5									
자동차제조업	8,761.8	6,206.0	14.9	998.4		1,542.4	0.1									
그 외 기타 제조업	26,426.8	21,976.5	153.2	2,115.6	27.7	2,103.4	50.3									
건물 전체	171,874.3	108,043.7	14,892.3	9,462.30	2,476.9	35,971.5	1,027.5									
상업·공공 전체	92,317.0	76,535.1	676.3	4,055.90	639.9	10,409.8										
도소매/음식/숙박업	39,987.1	31,446.9	156.6	2,751.7	550.6	5,081.3										
도·소매	15,912.1	14,821.6	90.9	430.3	32.7	536.5										
숙박·음식점	24,075.0	16,625.2	65.8	2,321.4	517.8	4,544.8										
통신·금융/부동산	5,328.5	4,799.4	120.2	44.7	0.9	363.3										
통신·정보서비스	1,271.5	1,089.8	77.3	3.5		100.8										
금융·보험	2,339.7	2,182.4	22.1	10.8		124.5										
부동산	1,717.0	1,527.1	20.6	30.3	0.9	138.1										
공공서비/기타서비스업	47,001.7	40,288.8	399.5	1,259.7	88.5	4,965.2										

구분	합계	간접배출		연료 연소				직접배출 폐기물 관련 배출				농업 관련 배출					흡수
		전력	열에너지	석유류	석탄류	도시가스	기타 연료	폐기물 매립	폐기물 소각	하폐수 처리	기타 폐기물	벼 재배	농경지 토양	가축분뇨처리	장내 발효	작물잔사소각	
환경복원	1,336.6	1,289.7	2.7	27	0.3	16.9											
기술서비스	3,001.7	2,407.7	27.4	31.8		534.8											
사업시설 관리	590.8	539.5	3.8	21.9	0.7	24.9											
공공	16,316.0	12,920.9	213	450.4		2,731.7											
공공행정	1,403.4	1,071.2	29.1	21.2		281.8											
교육서비스	9,126.8	7,380.0	103.9	218.8		1,424.1											
보건사회복지	5,785.8	4,469.8	79.9	210.4		1,025.8											
여가서비스	4,060.1	3,614.7	26.7	103		315.7											
개인서비스	19,936.8	17,878.1	125.7	594.4	87.5	1,251.1											
수도	1,759.9	1,638.3	0.2	31.3		90.1											
가정	79,557.3	31,508.7	14,216.1	5,406.3	1,837.0	25,561.7	1,027.5										
운수업 전체	99,425.6	1,314.2		95,418.8	3.0	2,689.6											
육상운송업	54,301.5			51,633.8	2.5	2,665.2											
철도운송업	1,620.0	1,314.2		287.8													
수상운송업	17,198.1			17,198.1													
항공운송업	25,280.6			25,276.1		4.5											
창고 및 운송 관련 서비스업	1,043.4			1,023.0	0.5	19.9											
농림어업	21,970.9	7,583.1		2,753.9	772.0	8.4						6,296.8	5,471.7	4,936.6	4,471.0	14.9	
폐기물	17,092.4							7,833.6	7,098.3	1,741.4	419.1						
합포	4,467.0																
에너지-미분류	3,115.1																
총배출량	717,296.4	243,455.5	26,115.5	228,227.4	117,077.8	60,377.7	6,514.4	7,833.6	7,098.3	1,741.4	419.1	6,296.8	5,471.7	4,936.6	4,471.0	14.9	
100%		33.941%	3.641%	31.818%	16.322%	8.417%	0.908%	1.092%	0.990%	0.243%	0.058%	0.878%	0.763%	0.688%	0.623%	0.002%	
LULUCF	-41,285.1																-41,285.1
순배출량	676,011.3																
국제항공	15,628.8			15,628.8													
국제해운	305,00.7			30,500.7													
포함 총배출량	763,425.9																
LULUCF	-41,285.1																
국제항공 포함 순배출량	722,140.8																

4부 기후위기 대응 우리가 할 수 있는 것

고기를 덜 먹으면
미세먼지가 준다

#암모니아 배출 #농업

환경부가 2018년 7월 〈온실가스 감축 로드맵 수정안〉에서 '에너지전환'과 더불어 '미세먼지 관리강화'도 목표라고 발표했다. 미세먼지를 줄이는 방법은 다양하다. 30년 이상 된 석탄발전기의 봄철 가동 중지, 미세먼지 경보 발령 시 석탄발전 출력 제한, 미세먼지로 인한 사회적 비용 등을 반영한 환경 급전, 친환경 발전믹스 강화 등의 에너지전환과 자동차용 경유에 바이오디젤 3% 혼합, 전기·수소연료전지·하이브리드 자동차 보급 확대, 유무선 충전 전기버스 상용화, 신재생에너지 연료 혼합 의무화 제도 등 교통 배출량 감축 등이다. 이 외에 미세먼지 배출량을 줄일 방법은 있을까?

오염물질을 만나면 미세먼지가 되는 암모니아

환경부가 2016년에 만든 자료 《미세먼지, 도대체 뭘까?》에서 미세먼지의 발생 원인을 소개했다. 미세먼지는 굴뚝 등 발생원에서부터 고체 상태의 미세먼지로 나오는 1차적 발생과 발생원에서는 가스 상태로 나온 물질이 공기 중의 다른 물질과 화학반응을 일으켜 미세먼지가 되는 2차적 발생으로 나눌 수 있다.

1차적 발생: 고체 상태의 미세먼지
2차적 발생: 가스 상태로 나온 물질이 공기 중의 다른 물질과 화학반응을 일으켜 미세먼지가 되는 것

주목해야 할 것은 2차적 발생이다. 수도권에서는 전체 미세먼지$_{PM2.5}$ 발생량의 약 2/3를 차지할 만큼 매우 많기 때문이다. 2차적으로 발생하는 미세먼지는 석탄·석유 등 화석연료가 연소하는 과정에서 배출되는 '황산화물'이 대기 중의 수증기·암모니아와 결합하거나, 자동차 배기가스에서 나오는 '질소산화물'이 대기 중의 수증기·오존·암모니아 등과 결합하는 화학반응을 통해 생성된다.

암모니아는 미세먼지의 전구물질이기도 하다. '전구물질'이란, 어떤 화학반응에서 최종적으로 생성되는 특정 물질이 되기 전 단계의 물질을 의미한다. 황산화물이 암모니아와 만나 황산암모늄염이 되고, 오존과 질소산화물이 암모니아와 만나 질산암모늄염이 된다. 암모니아가 대기 중에 배출되면 그 중 상당량이 일련의 화학반응을 거쳐 미세먼지가 된다. 그렇다면 암모니아 배출량을 줄이면 건강을 위협하는 미세먼지 발생량을 크게 줄일 수 있지 않을까?

암모니아 배출 저감의 핵심 '농업'

국내 암모니아 배출량은 증가하고 있다. 2019년 기준으로 국

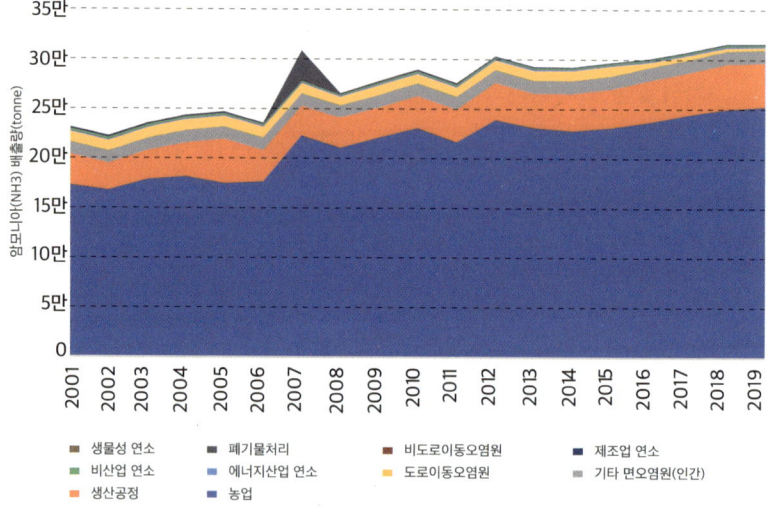

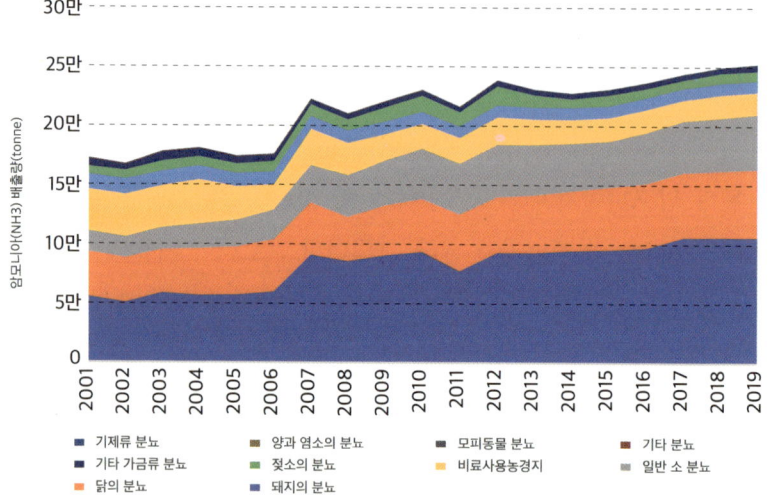

내 암모니아 총 배출 약 32만 톤 중 농업이 약 25만 톤을 배출했으며, 전체 배출량의 약80%에 해당한다. 두 번째 배출원인 생산공정의 6배 가까이 배출한다. 농업부문은 증가율도 높다. 2001년에서 2019년 사이에 연평균 2.1% 증가했으며, 생산공정의 증가율보다 커서 총배출량 증가율을 끌어올린 주원인이기도 하다. 그러므로 암모니아 배출량 저감의 핵심 정책은 농업에 있다.

암모니아 배출을 촉진하는 육류소비

그렇다면 농업의 어느 배출원이 문제가 될까? 농업에서 배출하는 암모니아는 크게 비료사용 농경지와 가축분뇨에서 비롯된다. 그중 돼지, 닭, 소 등 식육용 가축 분뇨의 비중이 가장 크다. 2019년 식육용 가축분뇨의 암모니아 배출량은 농업의 83%를 차지한다. 육류생산용 가축분뇨의 증가율도 다른 소분류군을 능가한다. 통계 기간 19년 사이 암모니아 배출량이 연평균 3.6% 증가했다. 육류생산용 가축분뇨의 증가 때문이다.

국내 인구 증가 속도는 2000~2020년 사이 연평균 0.48%로 크게 둔화했지만, 같은 기간에 1인당 육류 소비량은 연평균 2.4% 증가했다. 그 결과 육류의 전체 소비량은 더 많이 증가했다. 한우의 사육 마릿수는 최근 소폭 감소했지만, 돼지, 닭의 사육은 꾸준히 증가하고 있다.

2010년 가을부터 2011년에 걸친 구제역 파동으로 한때 돼지고기 생산량이 줄었다. 2010년 11월부터 2011년 3월 사이 돼지 330만 마리가 매몰 처리되었다.[4] 2010년 당시 사육하던 돼지가 약

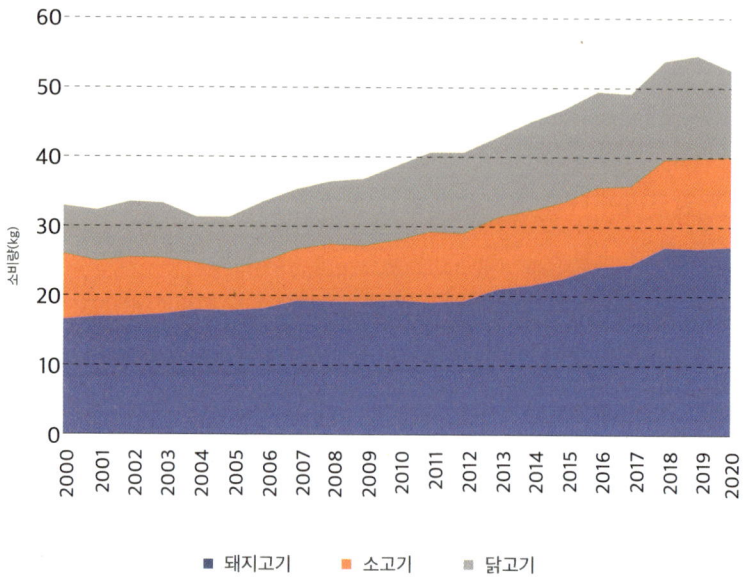

988만 1천 마리였으므로,5 전국 돼지의 약 34%가 인위적으로 처분된 것이다. 2011년 1인당 소비량에서 전체 육류나 돼지고기 모두 큰 변화가 없었던 것은 수입 육류 수입량이 늘었기 때문이다. 그만큼 우리나라 국민의 육류 선호가 증가하고 있다.

육류소비를 줄여 미세먼지 배출 완화

암모니아 배출량을 줄이는 정책은 어떨까? 한국환경정책·평가연구원은 가축분뇨의 암모니아 배출량 증가에 대한 대책으로 가축분뇨 자원화 시설 지원체계 개선·보완, 가축분뇨 농가 처리시설

기술지원, 가축분뇨 퇴·액비 수요 확대 및 유통 활성화와 같은 정책을 제안했다.[6] 대부분 가축분뇨의 재활용 방안인데, 농림축산식품부는 이미 가축분뇨를 최대한 재활용한다고 밝힌 바 있어서 정책의 도입 효과는 의문스럽다. UN에서 제시하는 것과 같이, '암모니아'의 배출량 감축을 위한 축산업 개선이 이뤄진다면 상당한 배출량 저감효과를 기대할 수도 있을 것이다.

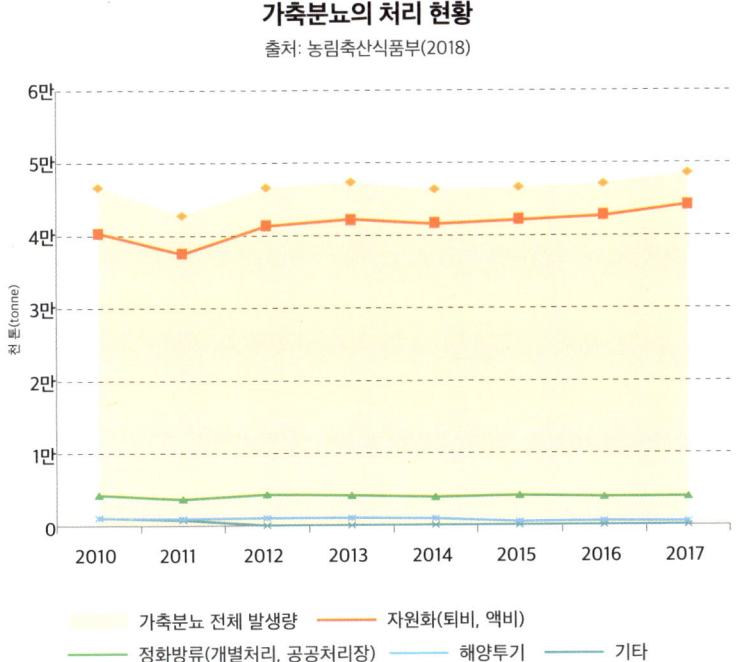

육류소비 증가 추세와 그에 따른 사육 가축의 증가세를 고려하면 육류 수요를 줄이는 정책이 중요한 열쇠가 된다. 홍보와 인식

전환만으로도 전국적인 육류 소비량을 줄이거나 현재의 급격한 소비량 증가 추세를 누그러뜨릴 수 있을 것이다. 육류를 대체할 수 있는 치즈·치즈 제품, 계란, 견과류, 콩류, 식물성 육류대용 식품, 두부 등의 소비를 늘리는 것도 좋은 방법이다.[7]

즐겨 먹는 음식이 미세먼지를 만드는 원인이 된다는 이야기가 충격적으로 다가온다. 편리한 자동차, 그리고 쓰고 버려지는 소비재가 미세먼지를 만드는 원인이 된다. 건강과 지구 환경을 위해서 선호도를 바꾸고, 소비를 줄여야 하는 시점이다.

단 한 사람도
소외되지 않기

#UN SDGs #원자력 선호도

〈지구온난화 1.5 °C 특별보고서〉는 산업화 이전 기후 대비 1.5°C 초과 상승을 막기 위한 대책을 제시한다. 2030년 인위적 이산화탄소 배출량을 2010년 수준 대비 최소 45% 감축하고, 2050년까지 이산화탄소 순배출량을 '0'으로 만드는 것이 목표다. BECCS[c]나 이산화탄소 흡수를 적극적으로 도입한다는 제안 등 2013년 발표한 〈제5차 평가보고서〉보다 더 강력하고 적극적인 방안들을 담고 있다.

그런데 〈지구온난화 1.5 °C 특별보고서〉와 〈제5차 평가보고서〉의 가장 큰 차이점은 17개 지속가능발전목표 SDGs Sustainable Development Goals 고려 여부다. 〈지구온난화 1.5 °C 특별보고서〉는 정식 제목에서 지속가능발전과 빈곤퇴치를 위한 전 지구적 대응을 강화하는 맥락에서 준비되었다고 명시한다.

---

c **BECCS:** 탄소포집저장(CCS) 연계 바이오에너지 (Bioenergy with Carbon Capture and Storage)

UN SDGs가 무엇인가?

2015년 9월 UN 총회에서 새천년개발목표^{MDGs}를 대신하는 새로운 개발목표로 〈지속가능발전목표 SDGs〉를 합의했다. MDGs는 2000년 UN 총회에서 전 세계가 빈곤, 질병, 환경파괴 등의 문제 해결을 위해 개발도상국을 돕는 공통의식목표로 2000년부터 2015년까지 이루어졌다.

MDGs가 끝나는 2015년, UN 총회는 앞으로 2016부터 2030년, 15년 동안 세계적인 우선순위가 무엇이어야 할지 논의했다. 그 결과 2015년 이후 글로벌 개발체제에 대해 합의하고, 17개의 새로운 목표 또는 글로벌 우선순위인 지속가능발전목표^{SDGs}를 도출했다. 목표 범위가 좁았던 MDGs를 더욱 확장하여 지속 가능한 발전을 위해 실현 가능한 인류 공동의 17가지 목표를 만들어 '단 한 사람도 소외되지 않는 것$^{Leave\ no\ one\ behind}$'이라는 슬로건을 제시했다.

UN SDGs 17가지 목표

출처: https://www.un.org/sustainabledevelopment/news/communications-material/의 자료 번역

단 한 사람도 소외되지 않는 기후위기 대응

기상청에서 펴낸 〈지구온난화 1.5 °C 특별보고서, 정책결정자를 위한 요약본[8]〉의 지구온난화 1.5°C 경로는 건강한 삶[SDG3], 청정에너지[SDG7], 도시 및 지역사회[SDG11], 책임감 있는 소비와 생산[SDG12], 해양[SDG14]과 확고한 시너지를 보여주지만, 일부 1.5°C 경로는 신중히 관리하지 않으면 기후변화 완화 노력이 빈곤[SDG1], 기아[SDG2], 물[SDG6], 에너지 접근[SDG7]과 상충 효과를 일으킬 수도 있을 것이다.

여기서 말하는 〈지구온난화 1.5 °C 특별보고서〉의 1.5°C 경로는 대표적으로 네 가지가 있다. P1은 BECCS를 쓰지 않고 지구온난화를 1.5°C 이내로 억제하고, P2~P4는 BECCS의 도입 수준을 단계적으로 높이면서 1.5 °C 초과 상승을 막는 경로다. 일시적인 1.5°C 초과는 허용하지만, 늦어도 21세기 말까지는 1.5°C 이하로 회복하는 것을 가정한다.

문제는 네 가지 경로가 모두 원자핵에너지에 지나치게 의존하고 있다는 점이다. 2050년까지 이산화탄소 순배출량을 '0'으로 만들기 위해 석탄, 석유, 천연가스 등의 화석연료 소비량이 극단적으로 줄어들 것이라는 예측은 이해되지만, 원자력이 일차에너지의 11~27%를 차지하게 될 것이라는 전망은 고개가 갸우뚱해진다.

이러한 원자핵에너지 편중은 IPCC 과학자들이 SDGs와의 시너지를 도모하지 않고 단순히 기술적인 연관 관계 분석에 치중하지 않았나 하는 걱정을 불러일으킨다. 네 가지 경로는 온난화를 1.5 °C 이내로 억제하려면 2050년까지 원자핵에너지 공급량을 2010년과 비교해서 2~6배로 늘려야 한다고 주장하기 때문이다.

네 가지 1.5 °C 경로에 따른 에너지원별 2050년 일차 에너지 공급량 비중

출처: IPCC (2018)

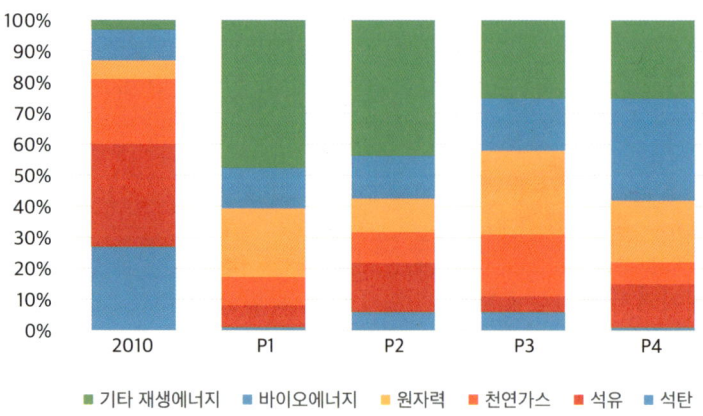

네 가지 1.5 °C 경로에 따른 에너지원별 2050년 일차에너지 공급량 변화

출처: IPCC (2018)

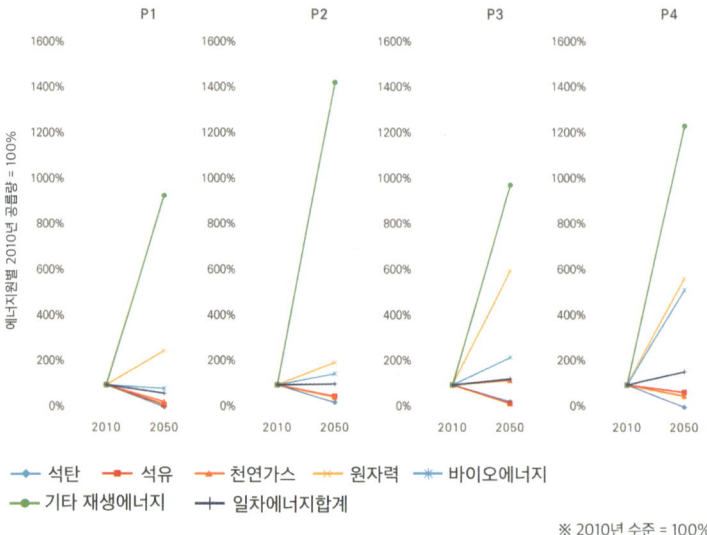

물론 P1은 141쪽의 SSP1 저에너지 수요 경로에서 전망하듯이 결국 원자력의 수용성 한계로 2060년 이후에는 감소한다.

BECCS 관련 기술은 개발도상국은커녕 선진국에서조차 거의 현실화하지 않았다. 원자력은 기술을 가진 몇몇 강대국만 개발하고 사용한다. 강대국만의 소유물인 원자핵에너지 기술이 SDGs와 양립할 수 없다.

더불어 원자핵에너지에 대한 일반 국민의 인식도 좋지 않다. 유럽 국민의 44%는 미래 발전원으로 원자핵에너지는 고려 대상이

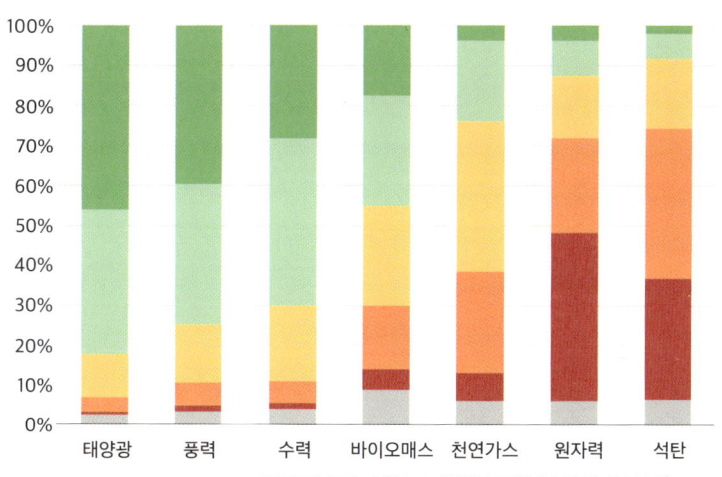

유럽연합 28개국 및 EFTA 국민의 발전원 선호
출처: Poortinga et al (2018)

※ EFTA국가: 스위스, 노르웨이, 리히텐슈타인, 아이슬란드

아니라고 생각한다. 심지어 석탄발전보다 원자력에 대한 거부감이 더 크다. 원자력발전소를 허용하더라도 소량공급을 원하는 응답자까지 합하면 원자핵에너지의 확대를 원하지 않는 유럽 주민은 65%에 이른다.

국민이 원하지 않는 원자력을 2~6배 확대한다는 권고안은 다른 나라와 대륙에 원자력발전소를 추가로 건설하라는 것과 다르지 않다. 미국과 함께 지구온난화의 역사적 책임이 가장 큰 유럽이 그 해결을 위해 다른 지역과 대륙에 원자력발전소를 지으라고 요구하는 것은 SDGs의 목표인 형평 추구와도 맞지 않는다.

소득 불평등이나 사회적·환경적 변화에 취약한 중도 진로[SSP2], 화석연료에 의존한 고성장 진로[SSP5]를 걷게 된다면, 인류가 '이론적으로나마' 기댈 수 있는 기후변화 완화 방법은 원자력이나 BECCS뿐이다. 논란이 많은 기술을 지양하고, 세계적 불평등을 초래하는 기후위기 대응 방법을 찾아서 녹색진로 SSP1[변혁 시나리오]을 실천해야만 한다.

기후위기 대응에 필요한 비용은 얼마일까?

#우리나라 GDP의 절반

세계 목표는 지구온난화를 1.5°C 이내로 억제하는 것이다. 한국이 세계 목표에 보조를 맞추는 것은 얼마나 엄청난 과제가 될까?

한국은 2018년 온실가스 배출량이 7억 2천 760만 톤이었다. 2021년 10월 2050 탄소중립위원회와 정부가 확정한 「2030 국가 온실가스 감축목표[NDC] 상향안」에 따르면, 2030년에 온실가스 배출량을 4억 3천 660만 톤으로 억제하는 것이 한국의 목표다.

제3차 국가에너지기본계획의 가정에 따라 2017~2030년 사이에 GDP가 매년 2% 성장한다면, 2030년 국내총생산은 약 1조 7천 4백억 달러로 예상된다. 1.5°C 이내 억제 목표를 달성하는 데 필요한 기후변화 완화 비용은 GDP의 48.6%다. 적극적으로 기후변화 완화 정책을 시행하는 유럽연합은 GDP의 2.8%를 투입하면 지구온난화 1.5°C 이내 억제가 가능하다고 한다. 한국이 '같은 수준의 투자'로 달성할 수 있는 완화 수준은 2°C 이내 온난화 확률이 50%~66% 정도다.

지구온난화 억제 수준별 국내 기후변화 완화 비용

출처: IPCC(2018)

시나리오	온실가스 로드맵의 2030년 상한 국내배출량 (백만톤 CO_2eq)	온실가스 저감 비용 (2010년 불변가격 기준)	2030년 GDP (1조7411억US$) 대비 비중
1.5°C 이내 억제	574.3	8천 455억 US$	48.6%
1.5°C 낮은 오버슛 (일시적 0.1°C 미만 초과)	574.3	1천 916억 US$	11.0%
1.5°C 높은 오버슛 (일시적 0.1°C 이상 초과)	574.3	762억 US$	4.4%
2°C 이내 억제 (66% 확률)	574.3	985억 US$	5.7%
2°C 이내 억제 (50% 확률)	574.3	356억 US$	2.0%
현재 연도별 배출권 할당량	547.7	103억 US$	0.6%

그러면 어떻게 해야 할까? 'GDP의 거의 절반을 투입해야 달성할 수 있는 목표라면 포기할 수밖에 없다'라는 답은 후손에게 책임을 전가하는 일이다. 이제 우리가 펼칠 전략은 '모든 수단을 이용해서 모든 자원을 투입하는 것이다.[9] 기후변화 완화를 위한 정책도 탄소세 또는 배출권거래제와 같은 단순한 정책보다는 단일정책의 부족함을 채우는 여러 정책의 조합이 더 효과가 있다.[10] 결과를 단언할 수 없는 많은 정책 중에서 어디에 우선순위를 두고 역량

을 집중해야 할까?

기후변화대응의 최우수 사례best practices를 만들어가는 유럽연합의 사례를 다시 한번 공부할 때다. 2018년 11월 28일, 유럽연합은 2050년 장기 온실가스 저배출 발전전략의 초안을 발표했다.[11] 2050년까지 1990년과 비교해서 온실가스 배출량을 80~100% 감축하는 목표를 제시했다. 이 목표를 달성하기 위해 매년 GDP의 2.8%에 해당하는 5천 2백억~5천 750억 유로를 투입할 예정이지만 이미 GDP의 2%는 투자하고 있다. 2050년까지 온실가스 순배출량을 100% 감축하는 데 추가로 필요한 재원은 매년 1천 750~2천 9백억 유로라고 한다.

늘어나는 이산화탄소 배출량, 줄어드는 탄소 예산

기후변화대응이 시급한데, 몇몇 국가의 이산화탄소 배출량이 빠르게 늘어난다. 사우디아라비아의 소비 기준 국민 1인당 이산화탄소 배출량이 G20 국가 중 1위로 올라섰다. 재화의 소비량이 증가하고, 기후 온난화로 인한 냉방 에너지 소비량도 증가했기 때문이다.

2019년 기준, 한국인은 G20에서 소비 기준으로 이산화탄소를 1인당 다섯 번째로 많이 배출한다. IMF의 구제금융을 받을 정도로 경제가 어려웠던 1998년과 세계금융위기가 불어닥친 2009년을 제외하면 대체로 점점 더 많은 재화를 소비하면서 이산화탄소 배출량을 늘려 왔다. 2006년 영국과 일본 국민을 추월했고, 2007년 독일 국민도 추월했다. 유럽연합 전체 평균치는 2005년에 이미 넘어섰다. 원료를 수입해서 완제품을 수출하는 한국의 경제구

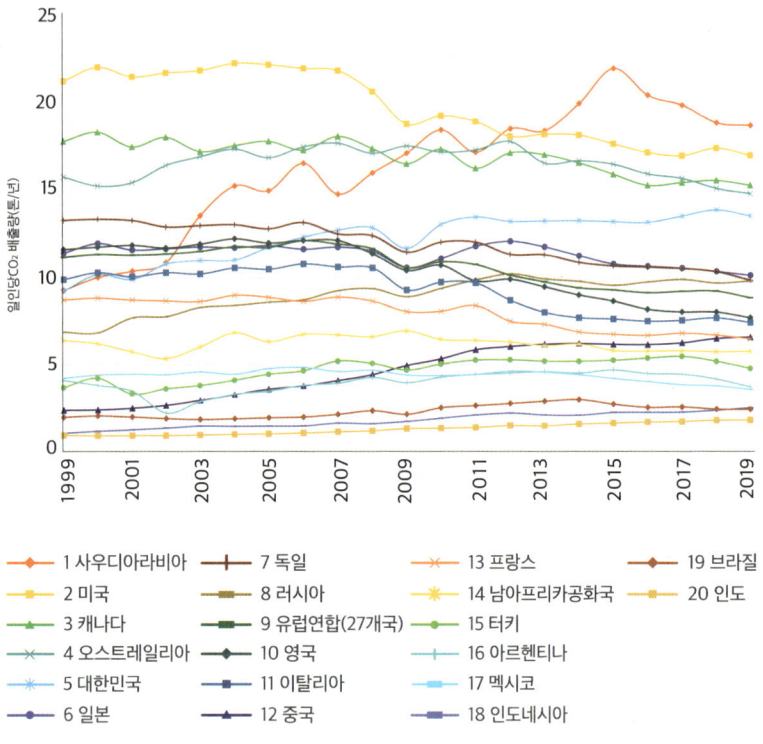

조도 영향을 미치지만, 국내에서 소비하고 버리는 산업과 생활이 많아지면서 1인당 이산화탄소 배출량이 많아졌다.

169쪽의 윗쪽 그림에서 알 수 있듯이, 한국 국민은 기후가 비슷한 OECD 회원국과 비교하면 에너지사용량이 많지 않다. 그렇다

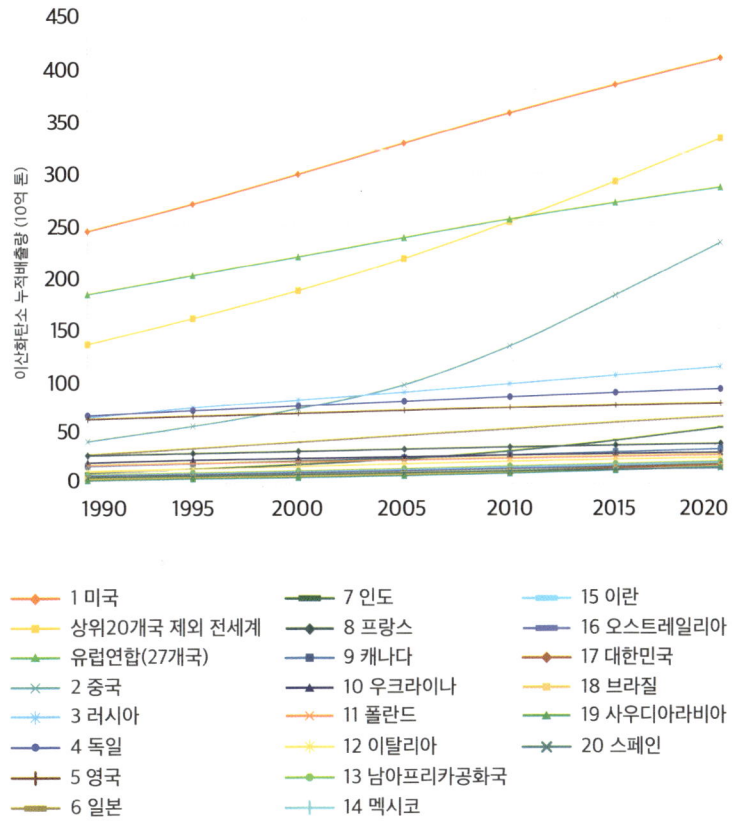

면 온실가스 배출량을 줄일 수 있도록 에너지원을 바꾸는 것이 무엇보다 중요하다. 전력을 사용하더라도 온실가스를 덜 배출하는 발전원을 최대한 확보해야 한다.

국가별 누적 이산화탄소 배출량 _{1750년 이래 배출량의 합계} 도 눈여겨봐야 한다. 이산화탄소 누적배출량의 증가 속도가 우려되는 나라는 중국이다. 그러나 지구온난화 정도는 누적배출량의 절댓값이 결정한다는 점에서, 여전히 기후변화에 가장 책임이 큰 나라는 미국이다. 미국의 이산화탄소 누적배출량은 약 4천 120억 톤으로, 2위인 중국의 1.8배다. 국가는 아니지만, 유럽연합은 미국 다음으로 지구온난화를 많이 유발해 왔다.

누적배출량이 많은 미국과 유럽이 기후변화대응에 가장 많이 노력해야 하지만 실제 대응은 미온적이다. '탄소 예산d'이 빠르게 줄고 있기 때문이다. IPCC는 지구온난화 1.5°C 상승을 억제할 수 있는 잔여 탄소 예산을 2020년 1월 1일 기준으로 4천억 톤으로 보았다. 그런데 2020년 한 해에만 약 400억 톤이 감소했다. 이러한 이산화탄소 배출 추이가 유지된다면, 1.5°C 목표를 달성하기 위해 9년 뒤부터 이산화탄소 순배출량이 '0'이 되어야 한다.

지구온난화 억제 목표별 잔여 탄소 예산 CO_2 기준
출처: IPCC (2021).

온난화 수준별 억제 가능성	1.5 °C 이내	2.0 °C 이내
50%	4천 600억 톤	1조 3천 100억 톤
67%	3천 600억 톤	1조 1천 100억 톤
인간이 유발한 2020년 이산화탄소 배출량	400억 톤	

2021년 1월 1일 기준

---

d **탄소예산**: 기후변화에 의한 돌이킬 수 없는 연쇄적 변화를 막기 위해서 초과해서는 안 되는 '특정 시점 이후 배출할 수 있는 이산화탄소의 총량'

기후위기와
우리의 행동 변화

#지구온난화 1.5°C 이내 억제를 위해

지구온난화 1.5°C 이내 억제가 어렵다 하더라도 포기할 수 없다. 몇십 년 전부터 다양한 매체에서 지구온난화로 북극의 빙하가 녹고, 북극곰이 삶의 터전을 잃는다고 했다. 나에게 해당하는 일이 아니라며 외면했지만, 지구온난화의 직접적 영향은 눈앞에 있다. 대기 중 공기가 정체되면서 미세먼지 문제가 드러났고, 여름철 홍수피해로 채솟값이 상승했다. 따뜻한 겨울의 영향으로 병충해도 늘었다. 기존과는 다른 날씨 변화로 예측이 어려워졌다. 이 상황은 앞으로 나의 집, 나의 먹거리를 위협하며 생존 자체에 어려움을 줄 수 있다. 그러므로 다시 한번 지구온난화가 지구에 어떤 위험을 불러오는지 되새겨야 한다.

기후변화가 지구에 어떤 영향을 미치는지 알았다면, 이제 기후변화의 직접적 완화 정책을 시행해야 한다. '변혁 시나리오'에서 소개한 미래지구 보고서는 8개 부문에서 2030년까지 2020년 온실가스 배출량의 절반으로 떨어뜨릴 수 있다고 주장한다.[12]

10대 기후 위험: 1.5°C vs 2°C
출처: Yeo (2019).

분야	지구온난화 1.5°C	지구온난화 2°C
극한 기상현상	홍수 위험 100% 증가	홍수 위험 170% 증가
생물다양성	곤충의 6%, 식물의 8%, 척추동물의 4% 멸종위기	곤충의 18%, 식물의 16%, 척추동물의 8% 멸종위기
수자원	도시 거주민 3억5천만 명이 심각한 가뭄위험에 노출	도시 거주민 4억1천만 명이 심각한 가뭄위험에 노출
주민 건강	세계 인구의 9%(약 7억 명)가 극심한 폭염에 적어도 20년에 1번 노출	세계 인구의 28%(약 20억 명)가 극심한 폭염에 적어도 20년에 1번 노출
북극 해빙	해빙이 완전히 녹는 여름이 100년에 1번 이상 발생	해빙이 완전히 녹는 여름이 3~10년에 1번 발생
해수면 상승	2100년까지 해수면이 48cm 상승, 4천6백만 명이 영향받음	2100년까지 해수면이 56cm 상승, 4천9백만 명이 영향받음
해양	1.5°C에서 2°C보다 해양 생물다양성과 생태계(기능 및 서비스 포함)에 더 낮은 위험	
산호초 백화현상	2100년까지 세계 산호초 70% 소실	2100년까지 세계 산호초 전체 소실
식량	0.5°C 상승할 때마다 식량 산출이 더 감소하고 열대지역 식량의 영양성분 감소	
비용	2°C에서 1.5°C보다 경제성장 악화(특히 저소득 국가 성장 악화)	

다른 보고서와 차이가 있다면, 목표연도가 불과 8년밖에 안 남았다는 것이다. 현실성 없는 대안으로 치부하기보다는, 그만큼 시급한 과제임을 인식하고 우리 사회에 적용할 수 있는 방법을 찾아야 한다.

또 기업, 도시, 지방정부, 투자기구 비국가 주체들의 자발적인

2030년까지 온실가스 배출량을 50% 감축하는 방안

출처: Falk et al(2020)

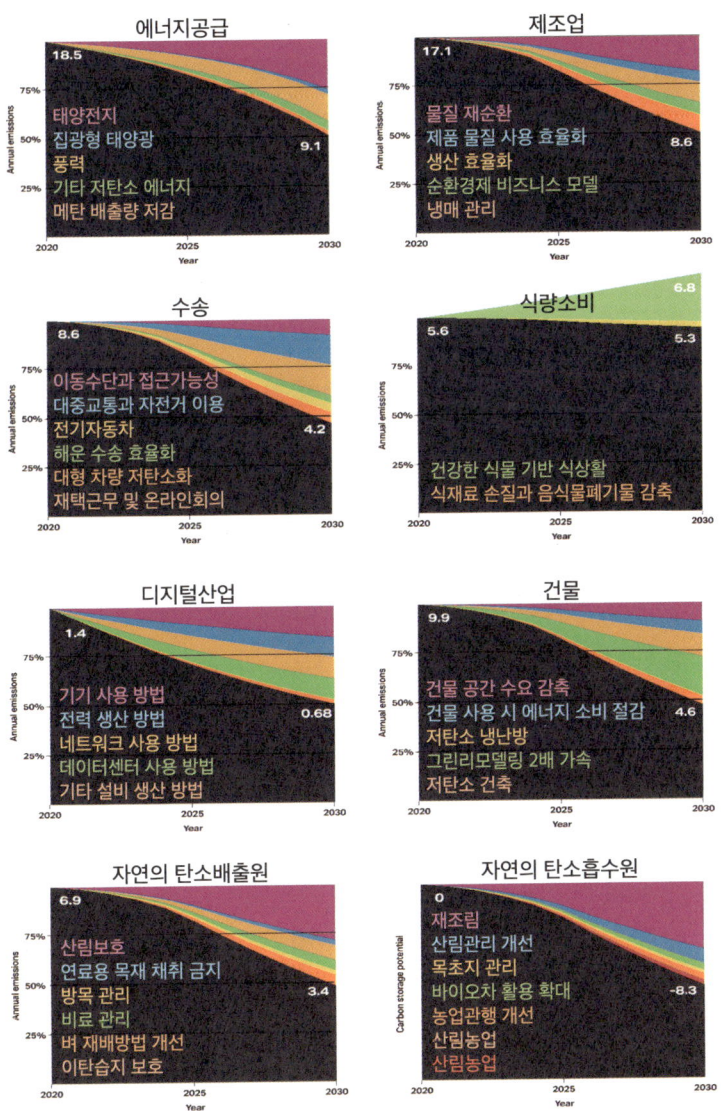

기후 행동 목표도 국제협력을 통해 강화함으로써 파리협정 당사국의 NDCs 부족분을 최대한 상쇄해야 한다.[13] UN이 2021~2030년을 생태계 복원의 10년 UN Decade on Ecosystem Restoration 으로 정했는데[14], 전 세계가 협력해서 조림 afforestation 과 재조림 reforestation 으로 최대한 탄소를 저장하는 노력으로 생물권 온전성 훼손을 줄이고 복원하는 데 이바지해야 한다.

마지막으로, 기후변화 완화 노력과 동시에, 이미 일어났거나 일어나고 있는 기후변화로 인한 피해 및 위험을 최소화하는 '적응' 노력이 필요하다. '적응'은 작은 공동체에서도 바로 실행할 수 있고, 생태계 보전에도 핵심적인 대책이 된다. 특히 재정과 인력이 필요한 적응 대책이라면, 세계 기후변화적응 위원회에서 제시한

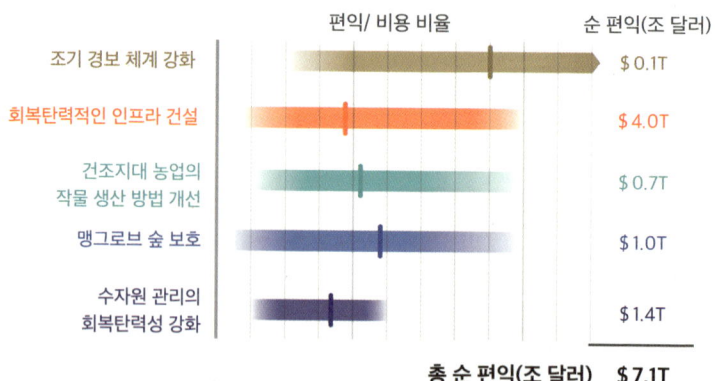

기후변화 적응을 위한 투자의 편익와 비용
출처: Bapna et al(2019)

〈기후변화 적응을 위한 투자의 편익과 비용〉에서 보듯이, 비용 대비 편익을 고려해서 우선순위를 정하면 더 효과적일 것이다.

최근 국제적인 논의를 살펴보면 이런 변화가 국가와 국제사회에 정착시킬 수 있는 실마리를 제공하고 있다. 미국과 유럽 각국이 새로운 국가 부흥 정책으로 내세우는 그린뉴딜, 혹은 유럽 그린딜을 우리나라에 맞게 잘 적용한다면 경제도 되살리고 자연도 회복될 것이다.

코로나-19로 인해 이산화탄소 배출량이 줄자 자연이 회복되는 것을 몸소 느꼈다. 코로나-19가 안정화되고 세계 경제가 회복되면 이전으로 돌아갈 것으로 보는 사람도 있다. 그러나 육상 교통량이 줄면서 땅의 진동이 감소하고, 항공 운항이 줄어들자 야생 조류가 더 건강해지는 현상은 자연 회복의 긍정적인 징조이다.

이외에도 기후위기 완화를 위한 긍정적 움직임이 일어나고 있다. 49개국에서 온실가스 배출량이 감소 중이고, 영국과 프랑스는 2050년 또는 그 이전에 온실가스 순배출영점화를 달성하겠다고 선언했다. 지금도 20개국 이상이 2050년까지 순배출영점화 달성 목표를 논의 중이다.[15]

스웨덴의 10대 기후운동가 그레타 툰베리 Greta Thunberg가 2018년 8월 국회 의사당 앞에서 '기후를 위한 결석시위 Skolstrejk for klimatet'를 펼쳤다. 촉발한 기후위기 비상 행동이 다른 나라 학생들을 각성 Climate Strike on Fridays, Fridays for Future 시켰고, 멸종 저항 Extinction Rebellion 등과 같이 다른 형태로 전 세계에 퍼지고 있다.

미국 예일대를 비롯한 국제 연구진은 기업·도시·지방정부·투자기구와 같은 비국가 주체들의 자발적인 기후 행동 목표가 달성되면 국가들의 NDCs 부족분이 상쇄되어 지구온난화를 1.5°C 이내로 억제할 수 있다고 예측했다.[16]

'지구온난화 1.5°C 이내 억제' 목표를 달성한다면 우리나라에도 몇 가지 긍정적 영향을 미칠 것이다. 우선 저출산이 유발하는 인구 변화가 '변혁 시나리오'와 어울리는 경제구조를 형성한다. 또, 지속 가능한 사회를 지향한 생산과 소비 구조의 혁신으로, 저소비 순환경제 circular economy 를 대비하는 기술과 제도를 선도할 것이다.

전 지구적으로 지속 가능한 변화를 추구했을 때, 우리나라에 불리한 점도 있다. 장기적인 저성장 경제구조 변화에 맞추어 사회제도를 바꾸는 데는 갈등과 저항이 일어나고 재정적 부담도 생길 것이다. 사회·경제·기술 변화로 불량자산 stranded asset 이 된 화석연료 사용 시설 등의 처리 문제도 지역간·노사간 갈등을 부를 수 있다.

그러함에도 현재 세대가 21세기 중반을 살아갈 바로 다음 세대, 21세기 말을 살아갈 세대를 위해 무언가 해야 한다. 에너지전환과 기후변화대응도 중요하지만, 생물의 다양성이 감소하지 않도록 노력해야 한다. 특히 자연과 인간의 관계가 밀접한 비 도시권, 개발도상국, 저개발국, 도서 국가 등에서는 보전이 그 무엇보다 중요하다. 토지와 농업의 생산성을 높이고 농축산의 생태적 혁신을 꾀하는 일은 시간과 기술이 필요하다. 어쩌면 개인이 주방과 식탁에서 할 수 있는 일이 단기간에 효과를 거둘 수도 있을 것이다. 우리부터 육류소비를 줄이고 음식물 쓰레기 발생과 배출량을 줄이는 일부터 시작하면 어떨까.

희망은 '수동적인 기대'이기 때문에
'아무것도 하지 않아도 이뤄진다'고
생각하는 경향이 있다
그러나 실제로 진정한 희망은 정반대다
희망에는 행동과 참여가 필요하다

- 제인 구달

제인 구달(2021년 템플턴상 수상자),
"희망의 책: 시련의 시대를 위한 생존 안내"(The Book of Hope: A Survival Guide for Trying Times, 2021)에서.

나가는 글
기후변화대응, 개인의 노력

이 책을 읽은 분이라면, 기후변화가 사람과 생물의 현재와 미래에 끼칠 영향을 더 알고 그에 대비하고 싶을 것입니다. 에너지를 아껴 쓰고, 재생해서 쓰기 힘든 물건은 되도록 멀리하는 생활을 실천하고, 식단에서 육류를 줄이는 노력도 당연히 필요합니다. 그러나 전 지구가 맞닥뜨린 기후위기는 특정 국가의 일부 시민만 애써서 해결할 수 없습니다. 그 대신 개인의 노력이 모여서 국가와 각종 산업, 나아가 국제사회의 변화를 이끌어 낼 방법을 고민하면 좋겠습니다. 이 책을 마무리하면서, 개인의 노력이 세계를 변화시키는 근본적 변화를 이끌어 낼 기본적인 정책 방향과, 그래도 부족한 경우 결국 최종 해결사가 될 '개인'이 해야 할 일을 제안합니다.

근본적 변화를 이끌어 낼 정책의 기본 방향

우리나라가 기후변화대응에 소극적인 것을 정부나 산업계의 탓으로만 돌리고 뒷짐 지고 있기엔 시간이 너무 없습니다. 국민의 동의와 지원이 없다면 어떤 정부가 들어서더라도, 어떤 신산업이 주목을 받더라도 기후위기를 타개하기에 충분한 변화를 일으키기 어렵습니다. 그래서 앞서 인용한 IPCC의 〈지구온난화 1.5°C 특별보고서〉에서 제안하는 정책 방향을 소개합니다.

기후변화대응을 위해 국민의 동의와 지원을 충분히 확보하려면, 첫째, 정확한 지식이 비전문가에게도 상식이 될 수 있도록 알려야 합니다. 사람들은 날씨와 기후변화, 혹은 대기오염과 기후변화를 잘 구분하지 않는 경향이 있

습니다. 시민과 소통할 때는 온실가스와 도시가스의 차이까지 설명해야 한다는 환경운동가의 지적도 있을 정도입니다. 자연과 미래세대를 보호하는 정책에 예산을 더 투입하는 것은 지지율도 높다고 합니다. 기후변화의 생태계 영향이나 미래세대 피해에 대한 정확한 지식도 꾸준히 최신 과학 성과를 활용해 보급해야 합니다.

둘째, 국민의 정치적 성향, 경제적 지향, 문화와 전통, 종교적 신념도 기후 행동에 미치는 영향에 유의한 차이가 있습니다. 그러니 우리나라도, 여론의 다수를 좌우하는 국민뿐 아니라 소수의 의견에도 귀를 기울이고 최대한 성향과 신념에 맞는 정책을 개발해 시행해야 합니다.

셋째, 환경적 자기 정체성을 키워야 합니다. 환경 정체성이 강한 사람들은 정책적으로 강제하지 않아도 가정이나 직장에서 스스로 기후변화 행동에 나설 것입니다. 이 문제는 최근 국가적인 지원이 줄어들었다는 환경교육 분야가 학교 교육뿐만 아니라 성인교육, 평생교육에서 더 큰 역할을 맡아야 개선될 수 있습니다.

마지막으로, 기후변화와 관련한 국민의 궁금증에 대해 즉시 간명한 설명과 대응책을 제공하는 정부의 노력이 필요합니다. 사람들은 자신의 의사결정 직전에 적질된 정보가 이해할 수 있게 주어지면 기후 행동, 특히 기후변화 적응을 위한 행동에 쉽게 나설 것입니다. 기후변화보다 더 심각하고 긴급한 문제는 많지 않다는 사실에 정책결정자들도 공감한다면, 중앙정부와 지방정부의 예산

배분에서 이러한 정책적 변화를 위한 인력과 재정 지원에 우선순위를 부여해야 합니다.

그래도 부족하다면

단순한 정책 변화만으로 전 세계적으로 온실가스 배출량을 줄일 수 없습니다. 코로나-19의 영향이 약해지면 기존의 화석연료에 의존한 산업 생산과 소비, 무역, 수송을 재개할 것입니다. 이러한 기존 활동을 뒷받침하는 기반시

주요 사회급변요소 STEs와 STE별 사회급변행동 STIs

사회급변요소	사회급변행동	주요 행위자
에너지 생산 및 저장	보조금 제도	정부, 에너지 부처, 에너지 공급 대기업
	분산에너지 생산	시민, 공동체, 지방정부, 정책 결정자, 에너지 계획 담당자
생활공간	탄소 중립 도시	도시 행정기관, 시민, 시민단체
금융시장	투자철회 운동	금융 투자자
규범과 가치 체계	화석연료의 비윤리적 특성 인식	또래, 환경단체, 청소년, 여론 주도층
교육 제도	기후 교육과 참여	교사, 기후 교육가, 청소년
정보 피드백	온실가스 배출량 정보 공개	기업과 생산자; 정부(공개 기준과 규제 설정)

설은 계속 보수되고, 관련 산업이 지원하는 문화 활동도 다시 기지개를 켤 것입니다. 매년 코로나-19와 같은 대형 재난이 일어나서는 안 되므로, 최근 학자들은 설문 조사와 토론, 문헌 조사를 통해 기후 급변요소의 현실화를 막기 위한 사회급변요소social tipping elements를 선정했습니다. 각 사회급변요소에는 구체적인 실현 방안을 대표하는 사회급변행동social tipping interventions과 온실가스 배출량 감축 잠재력을 함께 제시합니다. 중요한 것은 '주요 행위자'에 시민이나 시민단체청록색 글씨로 구분가 있는 것들입니다. 일반 시민도 기후변화 관련 정책에 관심을 가지고 의견을 낼 수 있어야 합니다.

출처: Otto et al. (2020).

온실가스 배출량 감축 잠재력	규모	급변 촉발에 드는 시간
세계적으로 매년 최대 21%	국가 정책	10~20년 (정책 형성 기간 포함)
에너지 공급 최대 100%	공동체/읍·면 협치	10년 이내
14년 이내에 최대 32%	도시 협치	대략 10년
배출량의 26%	시장 거래, 기업	매우 빠름 (수 시간 안에 발생)
전례가 없음	비공식 제도, 또래의 압력	30~40년
2년 동안 30% 감소	국가 정책	10~20년
식료품 소비에 따른 온실가스 배출량, 1년 동안 최대 10% 감소	시장 거래, 기업	수년

[주]

1부

1) IPCC, 2021
2) IPCC, 2018
3) Schmitt et al., 2020
4) Nunley & Sherman-Morris, 2020.
5) Howlett & Rawat, 2019
6) Hayhoe, 2019
7) Taylor et al., 2016
8) Chapron et al., 2019
9) living in harmony with nature; living-well in balance and harmony with Mother Earth
10) Pascual et al., 2017
11) Klein, 2019
12) "There is simply no way to square a belief system that vilifies collective action and venerates total market freedom with a problem that demands collective action on an unprecedented scale and a dramatic reining in of the market forces that created and are deepening the crisis." (Klein, 2019; p. 70)
13) Spikins et al., 2019
14) Guimarães & Silva, 2020
15) "Who we understand ourselves to be determines the choice we will make. That choice determines what will become of us."; Figueres & Rivett-Carnac, 2020; p. xv.
16) Zimbelman, 2012
17) https://www.paho.org/hq/index.php?option=com_content&view=article&id=15395
18) Knutson et al., 2019; Knutson et al., 2020
19) 조광우 외, 2015
20) https://globalvoices.org/2018/09/11/strongest-typhoon-to-hitjapan-

in-25-years-largely-forgotten-following-massive-earthquake/
21) IPCC, 2019b
22) 질병관리본부, 2020
23) 기상청 국민행동요령: 폭염 https://j.mp/Heatwave-Safety
24) 최영은 등, 2018
25) 질병관리본부, 2019
26) Kim et al., 2019
27) Lee et al., 2018
28) 채여라 외, 2018; IPCC, 2014; Marx & Walsh, 2019; Park & Kim, 2018
29) 황인창 등, 2020
30) 홍성철 외, 2016
31) OECD. (2021). Exposure to PM2.5 in countries and regions; 中国环境监测总站. (2020.2.~2021.1.). 全国城市空气质量报告; 서울시. (2018). 2017 서울 대기질 평가보고서; 인천광역시 보건환경연구원. (2020). 2019 대기질 평가보고서; 한국환경공단. (2021). 대기환경월보. Air Korea.
32) Li et al., 2018
33) 이현주 외, 2018
34) Lee et al., 2019
35) 국립환경과학원, 2018
36) O'Driscoll et al., 2018
37) O'Driscoll et al., 2018
38) World Economic Forum, 2020
39) NASA, 2020
40) Wang & Hausfather, 2020
41) Lenton et al., 2019
42) Friedlingstein et al., 2019
43) IPCC, 2021 기준
44) IPCC, 2021, Table 5.6
45) IPCC, 2019b
46) 기상청 기후 정보 포털, 기후 용어사전
47) Cowie et al., 2022
48) Rockström et al., 2009; Steffen et al., 2015에서 개정
49) IPBES, 2019

50) IPCC, 2019b
51) Hoegh-Guldberg et al., 2019
52) Hoegh-Guldberg et al., 2019
53) Hoegh-Guldberg et al., 2019
54) Hoegh-Guldberg et al., 2019
55) IPCC, 2018
56) Gidden et al., 2019
57) Hoegh-Guldberg et al., 2019
58) Hoegh-Guldberg et al., 2019
59) IPCC, 2019a
60) Beach et al., 2019; Meinshausen et al., 2020
61) Hoegh-Guldberg et al., 2019
62) Hoegh-Guldberg et al., 2019
63) Hoegh-Guldberg et al., 2019

2부

1) Ravishankara, A. R., Randall, D. A., & Hurrell, J. W. (2022). Complex and yet predictable: The message of the 2021 Nobel Prize in Physics. Proceedings of the National Academy of Sciences, 119(2), e2120669119.

2) Shabecoff, P. (1988, June 24). Global Warming Has Begun, Expert Tells Senate. The New York Times. https://www.nytimes.com/1988/06/24/us/global-warming-has-begun-expert-tells-senate.html

3) Averchenkova & Lazaro, 2020.

4) Weaver et al., 2019.

5) Crellin, 2019

6) https://www.aigcc.net/wp-content/uploads/2020/05/140520_Letter-to-President-Moon-Korean.pdf

7) 청와대 대통령비서실, 2020

8) LSEG & PRI, 2021

9) Halland, 2020

10) NGFS, 2019

11) Stiroh, 2020
12) Bernal & Ocampo, 2021; Bingler & Colesanti Senni, 2020
13) IPCC, 2018
14) High-Level Commission on Carbon Prices, 2017
15) 환경부, 2014
16) 환경부, 2014
17) Friedlingstein et al., 2020
18) 윤소원 등, 2019
19) van den Bergh & Botzen, 2020
20) Friedlingstein et al., 2021
21) European Commission, 2018a, 2018b
22) https://www.energy.gov/eere/fuelcells/h2scale
23) "We should be evangelists for new technologies—without them we'd lack much of what makes our lives better than the lives of earlier generations."
24) "[I don't] like the term hydrogen society" [⋯] "Hydrogen society means we fully bet on hydrogen. Instead, we should bet on a portfolio of solutions for a sustainable society." http://www.thedrive.com/tech/26050/exclusive-toyota-hydrogen-boss-explains-how-fuelcells-can-achieve-corolla-costs

3부

1) Sneader & Singhal, 2020
2) IPBES, 2019
3) Chomel et al., 2007
4) Rohr et al., 2019; Mendoza et al., 2020
5) Carlson, 2020
6) 산림청, 2019
7) WHO, FAO & OIE, 2019
8) Shahmohammadi et al., 2020
9) After the Coronavirus, 2020

10) Carrington, 2020
11) UNEP, 2019
12) Evans, 2020
13) Pehl et al., 2017.
14) Grubler et al., 2018
15) Crippa et al., 2021
16) IPCC, 2014
17) Haegel et al., 2019
18) Haegel et al., 2019
19) 신·재생에너지센터, 2021, 2022
20) 박윤석, 2021
21) https://www.there100.org/
22) 관계부처 합동, 2019
23) IEA, 2019b
24) IEA, 2019b, 2021
25) EEB, 2021
26) 김성진, 2019
27) IEA, 2018a
28) IEA, 2018b
29) Weather Spark
30) 수도권대기환경청, 2017
31) 서울시, 2017

4부

1) Bastin et al., 2019
2) Chami et al., 2019
3) Friedlingstein et al., 2020
4) 김정호 외, 2011
5) 농림축산식품부, 2017
6) 신동원 외, 2017
7) Dagevos & Voordouw, 2013

8) http://www.kma.go.kr/notify/press/kma_list.jsp?bid=press&mode=view&num=1193614

9) We can't have an energy strategy for the last century that traps us in the past. We need an energy strategy for the future – an all-of-the-above strategy for the 21st century that develops every source of American-made energy." – President Barack Obama, March 15, 2012

10) Tvinnereim & Mehling, 2018

11) European Commission, 2018a, 2018b

12) Falk et al., 2020

13) Hsu et al., 2018

14) https://www.unenvironment.org/news-and-stories/pressrelease/new-un-decade-ecosystem-restoration-offers-unparalleledopportunity

15) Falk et al., 2020

16) Hsu et al., 2018.

[참고문헌]

우리말 문헌

- GIR. (2018). 2018 국가 온실가스 인벤토리 보고서. 온실가스종합정보센터(GIR).
- GIR. (2020). 2020 국가 온실가스 인벤토리 보고서. 온실가스종합정보센터(GIR).
- KEA. (2019). 2019 전 부문 에너지 사용 및 온실가스 배출량 통계. 한국에너지공단(KEA).
- KEEI. (2021). 개정에너지밸런스—확장밸런스 1990~2019. 에너지경제연구원(KEEI).
- 관계부처 합동. (2018). 2030년 국가 온실가스 감축목표 달성을 위한 기본 로드맵 수정안. 대한민국 정부.
- 관계부처 합동. (2019). 수소경제 활성화 로드맵.
- 국립환경과학원. (2017). 대기환경연보 2016. 국립환경과학원.
- 국립환경과학원. (2018). 국가 대기오염물질 배출량 서비스. 국립환경과학원.
- 국토교통부. (2018). 자동차등록현황보고. 국토교통부.
- 국토교통부. (2020). 지적통계(Cadastral Statistics). 국토교통통계누리.
- 기상자료개방포털. (2019). 종관기상관측. 기상청 국가기후데이터센터.
- 기상청. (2018). 한반도 기후변화 전망분석서. 기상청.
- 김기봉, & 김태경. (2021). 수소 생산. KISTEP 기술동향브리프, 2021-02. 한국과학기술기획평가원.
- 김정호, 허덕, 정민국, 우병준, 김창호, 정종기, & 연가연. (2011). 2010~2011 구제역 백서. 한국농촌경제연구원.
- 녹색금융 추진 TF. (2021). 2021년 녹색금융 추진계획. 금융위원회 & 환경부.
- 농림축산식품부. (2017). 2017년도 농림축산식품 주요통계. 농림축산식품부.
- 박윤석. (2021, 12월 22일). 올해 해상풍력 발전사업허가 8.2GW 넘게 받아. 일렉트릭파워. http://www.epj.co.kr/news/articleView.html?idxno=29536
- 보건복지부. (2019). 국민건강영양조사. 보건복지부.
- 산림청. (2019). 임업통계연보. 산림청.
- 서울특별시 기후환경본부. (2019). 서울시 대기환경정보. 서울특별시.
- 서울특별시 보건환경연구원. (2018). 2017년 서울 대기질 평가보고서. 서울특별시.

- 수도권대기환경청. (2017). 2차 수도권 대기환경관리 기본계획 변경계획 (2015~2024). 수도권대기환경청.
- 신·재생에너지센터. (2019). 2018년 신재생에너지 보급통계; 2019년 4/4분기 신·재생에너지 신규 보급용량 안내. 한국에너지공단.
- 신·재생에너지센터. (2019). 2019년 2/4분기 신·재생에너지 신규 보급용량 안내. 한국에너지공단.
- 신·재생에너지센터. (2021). 2020년 신·재생에너지 보급통계(2021년 판). 한국에너지공단.
- 신·재생에너지센터. (2022). 2021년 4/4분기 신·재생에너지 신규 보급용량 안내. 한국에너지공단.
- 신동원, 주현수, 서은주, & 김채윤. (2017). 2차 생성 미세먼지 저감을 위한 암모니아 관리정책 마련 기초연구. 한국환경정책·평가연구원.
- 에너지경제연구원. (2018). 2017년도 에너지총조사보고서. 산업통상자원부.
- 에너지전환포럼. (2018). 기후변화대응 기본계획 수립을 위한 건물에너지 수요관리 정책수단 연구. 환경부.
- 윤소원, 이소향, 여현아, & 김민영. (2019). 제1차 계획기간(2015~2017) 배출권거래제 운영결과보고서. 서울: 온실가스종합정보센터.
- 이현주 외. (2018). 한반도 미세먼지 발생과 연관된 대기패턴 그리고 미래 전망. 한국기후변화학회지, 9(4), 423~433.
- 입소스(Ipsos). (2020). 2019 주택용 가전기기 보급현황 조사. 한국전력거래소.
- 정호, 허덕, 정민국, 우병준, 김창호, 정종기, & 연가연. (2011). 2010~2011 구제역 백서. 한국농촌경제연구원
- 조광우 외. (2011). 국가 해수면 상승 사회·경제적 영향평가 Ⅰ. 한국환경정책·평가연구원.
- 조광우 외. (2013). 국가 해수면 상승 사회·경제적 영향평가 Ⅲ. 한국환경정책·평가연구원.
- 조광우 외. (2015). RCP 기후시나리오 기반 해안 영향평가 및 적응 전략 개발 연구. 기상청.
- 조윤승. (1991). 스모그와 건강피해-런던스모그참사의 재조명-. 국립환경연구원 환경보건연구담당관
- 주현수 외. (2017). 석탄화력발전 연료대체에 따른 환경·건강영향 분석. 한국환경정책·평가연구원.
- 질병관리본부(KCDC). (2020). 2019년 폭염으로 인한 온열질환 신고현황 연보.

질병관리본부.
- 질병관리본부. (2018). 제22차 감염병 예방관리 기본계획: 원헬스(one health) 기반 공동 대응체계 강화 2018~2022. 보건복지부.
- 채여라 외. (2018). 국가 리스크 관리를 위한 기후변화 적응역량 구축·평가: 체감형 적응을 위한 데이터 기반 기후변화 리스크 대응체계 구축. 한국환경정책·평가연구원.
- 최영은 등. (2018). 한반도 기후변화 전망분석서. 기상청.
- 한국통합물류협회. (2020). 국가물류통합정보센터. 국토교통부.
- 한국환경공단. (2018). 에어코리아 - 통계정보. 한국환경공단.
- 홍성철 외. (2016). 한반도 피해가 최소화되는 동아시아 최적화 기후변화 시나리오 개발(III) - 대기질 건강영향 및 비용효과 분석 중심으로. 국립환경과학원.
- 환경부. (2014). 온실가스 배출권거래제 제1차 계획기간(2015년~2017년) 국가 배출권 할당계획. 환경부.
- 환경부. (2016). 미세먼지, 도대체 뭘까? 환경부.
- 황인창, 박은철, & 백종락. (2020). 서울시 저소득가구 에너지소비 실태와 에너지빈곤 현황. 서울연구원.

외국어 문헌
- Adler, J. H. (2019). Forget Paris. It Was Never a Serious Way to Handle Climate Change. Reason. https://reason.com/2019/11/06/forget-paris-it-was-never-a-serious-way-to-handle-climate-change/
- After the Coronavirus. (2020, Spring). Foreign Policy, 9–13.
- Aidaoui, L., Triantafyllou, A. G., Azzi, A., Garas, S. K., & Matthaios, V. N. (2015). Elevated stacks' pollutants' dispersion and its contributions to photochemical smog formation in a heavily industrialized area. Air Quality, Atmosphere & Health, 8(2), 213–227.
- Andrew, R. M., & Peters, G. P. (2021). The Global Carbon Project's fossil CO_2 emissions dataset (2021v34) [Data set]. Zenodo. https://doi.org/10.5281/zenodo.5569235
- Averchenkova, A., & Lazao, L., (2020). The design of an independent expert advisory mechanism under the European Climate Law: What are the options? Center for Climate Change Economics and Policy

(CCCEP) & Grantham Research Institute on Climate Change and the Environment.
- Bapna, M., et al. (2019). Adapt Now: A Global Call for Leadership on Climate Resilience. Global Commission on Adaptation.
- Bastin, J.-F., Finegold, Y., Garcia, C., Mollicone, D., Rezende, M., Routh, D., . . . Crowther, T. W. (2019). The global tree restoration potential. Science, 365(6448), 76–79.
- Beach, R. H., Sulser, T. B., Crimmins, A., Cenacchi, N., Cole, J., Fukagawa, N. K., . . . Ziska, L. H. (2019). Combining the effects of increased atmospheric carbon dioxide on protein, iron, and zinc availability and projected climate change on global diets: a modelling study. The Lancet Planetary Health, 3(7), e307–e317.
- Bedford, J. et al. (2019). A new twenty-first century science for effective epidemic response. Nature, 575(7781), 130–136.
- Bernal, J., & Ocampo, J. A. (2021). Climate Change: Policies to Manage Its Macroeconomic and Financial Effects. 2020 UNDP Human Development Report Background Paper No. 2-2020. UNDP Human Development Report Office.
- Bingler, J. A., & Colesanti Senni, C. (2020). Taming the Green Swan: How to improve climate-related financial risk assessments. Economics Working Paper Series, 20/340. Center of Economic Research at ETH Zurich (CER-ETH).
- Birol, F. (2020). The coronavirus crisis reminds us that electricity is more indispensable than ever. https://www.iea.org/commentaries/the-coronavirus-crisis-reminds-us-that-electricity-is-more-indispensable-than-ever
- Bostrom, N. (2002). Anthropic Bias: Observation Selection Effects in Science and Philosophy. Routledge.
- C3S. (2020, July 2). Record-breaking temperatures for June. Copernicus Climate Change Service (C3S). https://climate.copernicus.eu/record-breaking-temperatures-june
- Carlson, C. J. et al. (2020). Climate change will drive novel cross-species viral transmission. bioRxiv, 2020.2001.2024.918755.

- Carrington, D. (2020, April 17). Polluter bailouts and lobbying during Covid-19 pandemic. The Guardian.
- CAT (Climate Action Tracker). (2019). CAT warming projections: Global temperature increase by 2100—December 2019 Update. Ecofys and NewClimate Institute.
- CCC. (2020). The Sixth Carbon Budget: The UK's path to Net Zero. Climate Change Committee (CCC). https://www.theccc.org.uk/publication/sixth-carbon-budget/
- Chami, R., Cosimano, T., Fullenkamp, C., & Oztosun, S. (2019). Nature's Solution to Climate Change. Finance & Development, (December 2019), 34–38.
- Chapron, G., Epstein, Y., & López-Bao, J. V. (2019). A rights revolution for nature. Science, 363(6434), 1392–1393.
- Chen, Y., & Borken-Kleefeld, J. (2016). NOx Emissions from Diesel Passenger Cars Worsen with Age. Environmental Science & Technology, 50(7), 3327–3332.
- Chomel, B. B., Belotto, A., & Meslin, F.-X. (2007). Wildlife, exotic pets, and emerging zoonoses. Emerging infectious diseases, 13(1), 6–11.
- Climate Action Tracker. (2018). Country Assessments 2018. Ecofys and NewClimate Institute. http://climateactiontracker.org
- Committee on State Practices in Setting Mobile Source Emissions Standards, et al. (2006). State and Federal Standards for Mobile-Source Emissions. National Academies Press.
- CONSTRAIN. (2019). ZERO IN ON the remaining carbon budget and decadal warming rates. The CONSTRAIN Project.
- Cowie, R. H., Bouchet, P., & Fontaine, B. (2022). The Sixth Mass Extinction: fact, fiction or speculation? Biological Reviews, 97(2), 640–663.
- Crellin, F. (2019, June 26). France falls short of its own emission targets: climate council. Reuters. https://www.reuters.com/article/us-france-climate-carbon-idUKKCN1TQ2T1
- Crippa, M. et al. (2021). GHG emissions of all world countries - 2021 Report. Publications Office of the European Union.

- Dagevos, H., & Voordouw, J. (2013). Sustainability and meat consumption: is reduction realistic? Sustainability: Science, Practice, & Policy, 9(2), 60–69.
- Díaz, S., Pascual, U., Stenseke, M., Martín-López, B., Watson, R. T., Molnár, Z., . . . Shirayama, Y. (2018). Assessing nature's contributions to people. Science, 359(6373), 270–272.
- EEB. (2021). Face to face with hydrogen: The reality behind the hype. European Environmental Bureau.
- EPRS (European Parliamentary Research Service). (2021). Carbon-free steel production: Cost reduction options and usage of existing gas infrastructure. Panel for the Future of Science and Technology.
- European Commission. (2018). A Clean Planet for all: A European strategic long-term vision for a prosperous, modern, competitive and climate neutral economy. (COM(2018) 773). European Commission.
- European Commission. (2018). In-Depth Analysis in Support of the Commission Communication COM(2018) 773. European Commission.
- Evans, Simon. (2020). Analysis: Coronavirus set to cause largest ever annual fall in CO_2 emissions. Carbon Brief.
- Eveloy, V., & Gebreegziabher, T. (2018). A Review of Projected Power-to-Gas Deployment Scenarios. Energies, 11(7), 1824. doi:10.3390/en11071824
- Falk, J. et al. (2020). Exponential Roadmap 1.5.1. Future Earth.
- Figueres, C., & Rivett-Carnac, T. (2020). The Future We Choose: Surviving the Climate Crisis. Alfred A. Knopf.
- Fletcher, S. E. M., & Schaefer, H. (2019). Rising methane: A new climate challenge. Science, 364(6444), 932–933.
- Friedlingstein, P. et al. (2019). Global Carbon Budget 2019. Earth System Science Data, 11(4), 1783–1838.
- Friedlingstein, P. et al. (2020). Global Carbon Budget 2020. Earth System Science Data, 12(4), 3269–3340.
- Friedlingstein, P. et al. (2021). Global Carbon Budget 2021. Earth System Science Data Discussion, 2021, 1–191. https://doi.org/10.5194/essd-2021-386

- Friedlingstein, P., Jones, M. W., O'Sullivan, M., Andrew, R. M., Hauck, J., Peters, G. P., ... Zaehle, S. (2019). Global Carbon Budget 2019. Earth System Science Data, 11(4), 1783–1838.
- Gidden, M. J., Riahi, K., Smith, S. J., Fujimori, S., Luderer, G., Kriegler, E., ... Takahashi, K. (2019). Global emissions pathways under different socioeconomic scenarios for use in CMIP6: a dataset of harmonized emissions trajectories through the end of the century. Geoscientific Model Development, 12(4), 1443–1475.
- Google Health. (2020). COVID-19 Community Mobility Report: South Korea, April 11, 2020. Google. https://www.google.com/covid19/mobility/
- Grubler, A., Wilson, C., Bento, N., Boza-Kiss, B., Krey, V., McCollum, D. L., ... Valin, H. (2018). A low energy demand scenario for meeting the 1.5 °C target and sustainable development goals without negative emission technologies. Nature Energy, 3(6), 515-527.
- Guimarães, S., & Silva, H. P. (2020). What have the revelations about Neanderthal DNA revealed about Homo sapiens? Anthropological Review, 83(1), 93–107.
- Haegel, N. M., Atwater, H., Barnes, T., Breyer, C., Burrell, A., Chiang, Y.-M., ... Bett, A. W. (2019). Terawatt-scale photovoltaics: Transform global energy. Science, 364(6443), 836–838.
- Halland, H. (2020, February 26). Norway's green sovereign wealth push. OMFIF. https://www.omfif.org/2020/02/norways-green-sovereign-wealth-push/
- Hausfather, Z., & Peters, G. P. (2020). Emissions – the 'business as usual' story is misleading. Nature, 577, 618–620.
- Hayhoe, K. (2019, October 31). I'm a Climate Scientist Who Believes in God. Hear Me Out. The New York Times. https://www.nytimes.com/2019/10/31/opinion/sunday/climate-change-evangelical-christian.html
- Heo, J. B., Hopke, P. K., & Yi, S. M. (2009). Source apportionment of $Pm_{2.5}$ in Seoul, Korea. Atmospheric Chemistry and Physics, 9(14), 4957–4971.

- High-Level Commission on Carbon Prices. (2017). Report of the High-Level Commission on Carbon Prices. World Bank.
- Hoegh-Guldberg, O., Jacob, D., Taylor, M., Guillén Bolaños, T., Bindi, M., Brown, S., ··· Zhou, G. (2019). The human imperative of stabilizing global climate change at 1.5°C. Science, 365(6459), eaaw6974.
- Howlett, M., & Rawat, S. (2019). Behavioral Science and Climate Policy. Oxford Research Encyclopedia of Climate Science.
- Hsu, A., et al. (2018). Global climate action of regions, states and businesses. Data Driven Yale, NewClimate Institute, PBL Netherlands Environmental Assessment Agency.
- Huppmann, D., Rogelj, J., Kriegler, E., Krey, V., & Riahi, K. (2018). A new scenario resource for integrated 1.5 °C research. Nature Climate Change, 8, 1027–1030.
- IEA. (2012). Key World Energy Statistics 2012. International Energy Agency.
- IEA. (2017). Energy Technology Perspectives 2017: Catalysing Energy Technology Transformations. IEA Publications.
- IEA. (2018a). Electricity Information 2018. IEA Publications.
- IEA. (2018b). World Energy Balances 2018. IEA Publications.
- IEA. (2019a). CO_2 Emissions from Fuel Combustion 2019. IEA Publications.
- IEA. (2019b). The Future of Hydrogen: Seizing today's opportunities. IEA Publications.
- IEA. (2019c). World Energy Balances 2019. IEA Publications.
- IEA. (2021). Net Zero by 2050: A Roadmap for the Global Energy Sector. IEA Publications.
- IMF. (2021). World Economic Outlook Update—January 2021. International Monetary Fund (IMF).
- IPBES. (2013). Conceptual framework for the Intergovernmental Science-Policy Platform on Biodiversity and Ecosystem Services. (IPBES-2/4). Intergovernmental Science-Policy Platform on Biodiversity and Ecosystem Services.
- IPBES. (2017). Update on the classification of nature's contributions

to people by the Intergovernmental Science-Policy Platform on Biodiversity and Ecosystem Services. (IPBES/5/INF/24). Intergovernmental Science-Policy Platform on Biodiversity and Ecosystem Services.
- IPBES. (2019). Global Assessment report on biodiversity and ecosystem services of the Intergovernmental Science–Policy Platform on Biodiversity and Ecosystem Services. IPBES Secretariat.
- IPCC. (2014). Climate Change 2014: Mitigation of Climate Change. Contribution of Working Group III to the Fifth Assessment Report of the Intergovernmental Panel on Climate Change. Cambridge University Press.
- IPCC. (2018). Global Warming of 1.5°C. An IPCC Special Report on the impacts of global warming of 1.5°C above pre-industrial levels and related global greenhouse gas emission pathways, in the context of strengthening the global response to the threat of climate change, sustainable development, and efforts to eradicate poverty. Intergovernmental Panel on Climate Change.
- IPCC. (2019a). Climate Change and Land: An IPCC Special Report on climate change, desertification, land degradation, sustainable land management, food security, and greenhouse gas fluxes in terrestrial ecosystems. Intergovernmental Panel on Climate Change.
- IPCC. (2019b). IPCC Special Report on the Ocean and Cryosphere in a Changing Climate. Intergovernmental Panel on Climate Change.
- IPCC. (2021). Climate Change 2021: The Physical Science Basis. Contribution of Working Group I to the Sixth Assessment Report of the Intergovernmental Panel on Climate Change. Cambridge University Press (In Press).
- Jackson, R. B., et al. (2019). Global Energy Growth Is Outpacing Decarbonization. A special report for the United Nations Climate Action Summit September 2019. Global Carbon Project.
- Kim, J. H., Ryoo, H. W., Moon, S., Jang, T. C., Jin, S. C., Mun, Y. H., Do, B. S., Lee, S. B., & Kim, J.-Y. (2019). Determining the correlation between outdoor heatstroke incidence and climate elements in Daegu

metropolitan city. Yeungnam University Journal of Medicine, 36(3), 241-248.
- Klein, N. (2019). On Fire: The (Burning) Case for a Green New Deal. Simon & Schuster.
- Knutson, T., Camargo, S. J., Chan, J. C. L., Emanuel, K., Ho, C.-H., Kossin, J., Mohapatra, M., Satoh, M., Sugi, M., Walsh, K., & Wu, L. (2019). Tropical Cyclones and Climate Change Assessment: Part I: Detection and Attribution. Bulletin of the American Meteorological Society, 100(10), 1987-2007.
- Knutson, T., Camargo, S. J., Chan, J. C. L., Emanuel, K., Ho, C.-H., Kossin, J., Mohapatra, M., Satoh, M., Sugi, M., Walsh, K., & Wu, L. (2020). Tropical Cyclones and Climate Change Assessment: Part II. Projected Response to Anthropogenic Warming. Bulletin of the American Meteorological Society, 101(3), E303-E322.
- Le Quéré, C., Jackson, R. B., Jones, M. W., Smith, A. J. P., Abernethy, S., Andrew, R. M., De-Gol, A. J., Willis, D. R., Shan, Y., Canadell, J. G., Friedlingstein, P., Creutzig, F., & Peters, G. P. (2020). Temporary reduction in daily global CO_2 emissions during the COVID-19 forced confinement. Nature Climate Change, 10(7), 647-653.
- Lee, S., Kim, J., Choi, M., Hong, J., Lim, H., Eck, T. F., . . . Koo, J.-H. (2019). Analysis of long-range transboundary transport (LRTT) effect on Korean aerosol pollution during the KORUS-AQ campaign. Atmospheric Environment, 204, 53-67.
- Lee, S., Lee, H., Myung, W., Kim, E. J., & Kim, H. (2018). Mental disease-related emergency admissions attributable to hot temperatures. Science of The Total Environment, 616-617, 688-694.
- Lenton, T. M., Rockström, J., Gaffney, O., Rahmstorf, S., Richardson, K., Steffen, W., & Schellnhuber, H. J. (2019). Climate tipping points — too risky to bet against. Nature, 575, 592-595.
- Li, K., Liao, H., Cai, W., & Yang, Y. (2018). Attribution of Anthropogenic Influence on Atmospheric Patterns Conducive to Recent Most Severe Haze Over Eastern China. Geophysical Research Letters, 45(4), 2072-2081.

- LSEG, & PRI. (2021). The investor guide to climate collaboration: From COP26 to net zero. London Stock Exchange Group (LSEG) & Principles for Responsible Investment (PRI).
- MA (Millennium Ecosystem Assessment). (2005). Ecosystems and Human Well-being: Synthesis. Island Press.
- Marangoni, G., Tavoni, M., Bosetti, V., Borgonovo, E., Capros, P., Fricko, O., . . . van Vuuren, D. P. (2017). Sensitivity of projected long-term CO_2 emissions across the Shared Socioeconomic Pathways. Nature Climate Change, 7, 113–117.
- Marx, M., & Walsh, C. (2019). Climate Change and Health—the Risk of Heatwaves. [Slides]. SCORCH Kick off Meeting.
- McCarraher, E. (2019). The Enchantments of Mammon: How Capitalism Became the Religion of Modernity. The Belknap Press of Harvard University Press.
- Meinshausen, M. et al. (2020). The shared socio-economic pathway (SSP) greenhouse gas concentrations and their extensions to 2500. Geoscientific Model Development, 13(8), 3571–3605.
- Mendoza, H. et al. (2020). Does land-use change increase the abundance of zoonotic reservoirs? Rodents say yes. European Journal of Wildlife Research, 66(1), 6.
- Minx, J. C., Lamb, W. F., Andrew, R. M., Canadell, J. G., Crippa, M., Döbbeling, N., Forster, P. M., Guizzardi, D., Olivier, J., Peters, G. P., Pongratz, J., Reisinger, A., Rigby, M., Saunois, M., Smith, S. J., Solazzo, E., & Tian, H. (2021). A comprehensive and synthetic dataset for global, regional, and national greenhouse gas emissions by sector 1970–2018 with an extension to 2019. Earth System Science Data, 13(11), 5213–5252.
- NASA. (2020). GISS Surface Temperature Analysis (v4). National Aeronautics and Space Administration (NASA). https://data.giss.nasa.gov/gistemp/maps/index_v4.html
- NCEI. (2020). State of the Climate: Global Climate Report for April 2020. NOAA National Centers for Environmental Information (NCEI).
- NGFS (Network for Greening the Financial System). (2019). First

comprehensive report: A call for action—Climate change as a source of financial risk. NGFS Secretariat.
- Nunley, C., & Sherman-Morris, K. (2020). What People Know about the Weather. Bulletin of the American Meteorological Society, 101(7), E1225–E1240.
- O'Driscoll, R., Stettler, M. E. J., Molden, N., Oxley, T., & ApSimon, H. M. (2018). Real world CO_2 and NO_x emissions from 149 Euro 5 and 6 diesel, gasoline and hybrid passenger cars. Science of The Total Environment, 621, 282–290.
- O'Neill, B. C., Kriegler, E., Ebi, K. L., Kemp-Benedict, E., Riahi, K., Rothman, D. S., . . . Solecki, W. (2017). The roads ahead: Narratives for shared socioeconomic pathways describing world futures in the 21st century. Global Environmental Change, 42, 169–180.
- O'Neill, B. C., Tebaldi, C., van Vuuren, D. P., Eyring, V., Friedlingstein, P., Hurtt, G., ⋯ Sanderson, B. M. (2016). The Scenario Model Intercomparison Project (ScenarioMIP) for CMIP6. Geoscientific Model Development, 9(9), 3461–3482.
- OECD.Stat. (2018). Exposure to PM2.5 in Countries and Regions. Organisation for Economic Co-operation and Development (OECD).
- Otto, I. M. et al. (2020). Social tipping dynamics for stabilizing Earth's climate by 2050. Proceedings of the National Academy of Sciences, 117(5), 2354–2365.
- Park, J., & Kim, J. (2018). Defining heatwave thresholds using an inductive machine learning approach. PLoS ONE, 13(11), e0206872.
- Pascual, U., Balvanera, P., Díaz, S., Pataki, G., Roth, E., Stenseke, M., . . . Yagi, N. (2017). Valuing nature's contributions to people: the IPBES approach. Current Opinion in Environmental Sustainability, 26–27, 7–16.
- PCAF. (2020). The Global GHG Accounting and Reporting Standard for the Financial Industry. Partnership for Carbon Accounting Financials (PCAF).
- Pehl, M., Arvesen, A., Humpenöder, F., Popp, A., Hertwich, E. G., & Luderer, G. (2017). Understanding future emissions from low-carbon

power systems by integration of life-cycle assessment and integrated energy modelling. Nature Energy, 2(12), 939–945.
- Poortinga, W., Fisher, S., Böhm, G., Steg, L., Whitmarsh, L., & Ogunbode, C. (2018). European Attitudes to Climate Change and Energy: Topline Results from Round 8 of the European Social Survey. European Social Survey (ESS) European Research Infrastructure Consortium (ERIC).
- Riahi, K., van Vuuren, D. P., Kriegler, E., Edmonds, J., O'Neill, B. C., Fujimori, S., . . . Tavoni, M. (2017). The Shared Socioeconomic Pathways and their energy, land use, and greenhouse gas emissions implications: An overview. Global Environmental Change, 42, 153–168.
- Ritchie, H. (2019). Who has contributed most to global CO_2 emissions? Our World in Data.
- Rockström, J., Steffen, W., Noone, K., Persson, Å., Chapin, F. S., Lambin, E. F., Lenton, T. M., Scheffer, M., Folke, C., Schellnhuber, H. J., Nykvist, B., de Wit, C. A., Hughes, T., van der Leeuw, S., Rodhe, H., Sörlin, S., Snyder, P. K., Costanza, R., Svedin, U., Falkenmark, M., Karlberg, L., Corell, R. W., Fabry, V. J., Hansen, J., Walker, B., Liverman, D., Richardson, K., Crutzen, P., & Foley, J. A. (2009). A safe operating space for humanity. Nature, 461(7263), 472-475.
- Rockström, J., Steffen, W., Noone, K., Persson, Å., Chapin, III, F. Stuart, Lambin, E., . . . Foley, J. (2009). Planetary boundaries: exploring the safe operating space for humanity. Ecology and Society, 14(2), 32.
- Rogelj, J., Popp, A., Calvin, K. V., Luderer, G., Emmerling, J., Gernaat, D., . . . Tavoni, M. (2018). Scenarios towards limiting global mean temperature increase below 1.5 °C. Nature Climate Change, 8, 325–332.
- Rohr, J. R. et al. (2019). Emerging human infectious diseases and the links to global food production. Nature Sustainability, 2(6), 445–456.
- Rosenbloom, D., Markard, J., Geels, F. W., & Fuenfschilling, L. (2020). Why carbon pricing is not sufficient to mitigate climate change—and how "sustainability transition policy" can help. Proceedings of the National Academy of Sciences, 117(16), 8664–8668.
- Sachs, J., Schmidt-Traub, G., Kroll, C., Lafortune, G., Fuller, G., &

Woelm, F. (2020). The Sustainable Development Goals and COVID-19. Sustainable Development Report 2020. Cambridge University Press.
- Schmitt, M. T., Neufeld, S. D., Mackay, C. M. L., & Dys-Steenbergen, O. (2020). The Perils of Explaining Climate Inaction in Terms of Psychological Barriers. Journal of Social Issues, 76(1), 123-135.
- Shahmohammadi, S., Steinmann, Z. J. N., Tambjerg, L., van Loon, P., King, J. M. H., & Huijbregts, M. A. J. (2020). Comparative Greenhouse Gas Footprinting of Online versus Traditional Shopping for Fast-Moving Consumer Goods: A Stochastic Approach. Environmental Science & Technology, 54(6), 3499-3509.
- Sheehan, M. C., & Fox, M. A. (2020). Early Warnings: The Lessons of COVID-19 for Public Health Climate Preparedness. International Journal of Health Services, 50(3), 264-270.
- Sneader, K., & Singhal, S. (2020). Beyond coronavirus: The path to the next normal. McKinsey & Company.
- Spikins, P., Needham, A., Wright, B., Dytham, C., Gatta, M., & Hitchens, G. (2019). Living to fight another day: The ecological and evolutionary significance of Neanderthal healthcare. Quaternary Science Reviews, 217, 98-118.
- Steffen, W., Richardson, K., Rockström, J., Cornell, S. E., Fetzer, I., Bennett, E. M., . . . Sörlin, S. (2015). Planetary boundaries: Guiding human development on a changing planet. Science, 347(6223), 1259855.
- Steffen, W., Richardson, K., Rockström, J., Cornell, S. E., Fetzer, I., Bennett, E. M., Biggs, R., Carpenter, S. R., de Vries, W., de Wit, C. A., Folke, C., Gerten, D., Heinke, J., Mace, G. M., Persson, L. M., Ramanathan, V., Reyers, B., & Sörlin, S. (2015). Planetary boundaries: Guiding human development on a changing planet. Science, 347(6223), 1259855.
- Steffen, W., Rockström, J., Richardson, K., Lenton, T. M., Folke, C., Liverman, D., . . . Schellnhuber, H. J. (2018). Trajectories of the Earth System in the Anthropocene. Proceedings of the National Academy of Sciences, 115(33), 8252-8259.
- Stiglitz, J. E., & Stern, N. (2017). Report of the High-Level Commission

on Carbon Prices. World Bank.
- Stiroh, K. (2020). The Basel Committee's initiatives on climate-related financial risks. Bank for International Settlements (BIS).
- Sturge, D. (2020). Industrial Decarbonisation: Net Zero Carbon Policies to Mitigate Carbon Leakage and Competitiveness Impacts. Energy Systems Catapult.
- Taylor, B., Van Wieren, G., & Zaleha, B. D. (2016). Lynn White Jr. and the greening-of-religion hypothesis. Conservation Biology, 30(5), 1000–1009.
- TCFD. (2020). Task Force on Climate-related Financial Disclosures: 2020 Status Report. Financial Stability Board, Bank for International Settlements.
- TEG. (2020a). Taxonomy: Final report of the Technical Expert Group on Sustainable Finance. Technical Expert Group on Sustainable Finance (TEG).
- TEG. (2020b). Taxonomy Report: Technical Annex. Technical Expert Group on Sustainable Finance (TEG).
- Tvinnereim, E., & Mehling, M. (2018). Carbon pricing and deep decarbonisation. Energy Policy, 121, 185–189.
- U.N.-Convened Net-Zero Asset Owner Alliance. (2021). Inaugural 2025 Target Setting Protocol. U.N.-Convened Net-Zero Asset Owner Alliance.
- U.S. Energy Information Administration. (2018). Levelized Cost and Levelized Avoided Cost of New Generation Resources in the Annual Energy Outlook 2018. U.S. Energy Information Administration.
- UNECE. (2014). Guidance document on preventing and abating ammonia emissions from agricultural sources. (ECE/EB.AIR/120). United Nations Economic and Social Council (ECOSOC).
- UNECE. (2015). Framework Code for Good Agricultural Practice for Reducing Ammonia Emissions. United Nations Economic Commission for Europe (UNECE).
- UNEP. (2019). Emissions Gap Report 2019. United Nations Environment Programme (UNEP).
- UNFCCC Secretariat. (2019). Climate action and support trends—Based

on national reports submitted to the UNFCCC secretariat under the current reporting framework. United Nations Framework Convention on Climate Change (UNFCCC) Secretariat.
- van den Bergh, J., & Botzen, W. (2020). Low-carbon transition is improbable without carbon pricing. Proceedings of the National Academy of Sciences, 117(38), 23219–23220.
- Vigor, X. (2021). From the conquest of space, through mobility, to aerospace [Slides]. Presented at Hydrogen, getting to zero carbon flights. International Civil Aviation Organization (ICAO).
- Wang, S., & Hausfather, Z. (2020). ESD Reviews: mechanisms, evidence, and impacts of climate tipping elements. Earth System Dynamics Discussion, 2020, 1–93. https://doi.org/10.5194/esd-2020-16
- Weaver, S., Lötjönen, S., & Ollikainen, M. (2019). Overview of National Climate Change Advisory Councils. Suomen Ilmastopaneeli (Finnish Climate Change Panel).
- WHO, FAO, OIE. (2019). Taking a Multisectoral, One Health Approach: A Tripartite Guide to Addressing Zoonotic Diseases in Countries. World Health Organization (WHO), Food and Agriculture Organization of the United Nations (FAO), & World Organisation for Animal Health (OIE).
- WMO. (2019). The Global Climate in 2015–2019. World Meteorological Organization (WMO).
- WMO. (2020). WMO Statement on the State of the Global Climate in 2019. World Meteorological Organization (WMO).
- World Bank. (2020). Carbon Pricing Dashboard (Data last updated November 1, 2020). World Bank.
- World Economic Forum. (2020). The Global Risks Report 2020. Geneva, Switzerland: World Economic Forum.
- Xu, Y., Ramanathan, V., & Victor, D. G. (2018). Global warming will happen faster than we think. Nature, 564, 30–32.
- Yeo, S. (2019). Climate, Nature and our 1.5°C Future: A synthesis of IPCC and IPBES reports. WWF International.
- Zimbelman, J. (2012). How Big is 'Big'? Comparing Forms of Energy Release. [PowerPoint slides]. Smithsonian Institution.

법률

- Denmark: Lov om klima. (2020).
- France: LOI no 2019-1147 du 8 novembre 2019 relative à l'énergie et au climat. (2019).
- Hungary: évi XLIV. törvény: a klímavédelemrol. (2020).
- New Zealand: Climate Change Response (Zero Carbon) Amendment Act 2019.
- Sweden: Klimatlag. (2018).
- United Kingdom: Climate Change Act 2008 (2050 Target Amendment). (2019).

신문과 인터넷자료

- http://kosis.kr/statHtml/statHtml.do?orgId=101&tblId=DT_1L9H008
- http://sts.kma.go.kr/jsp/home/contents/statisticsdivision/newStatisticsDivisionSearch.do?MNU=MNU
- http://www.kpx.or.kr/www/contents.do?key=223
- https://kosis.kr/statHtml/statHtml.do?orgId=310&tblId=DT_31002_A006&conn_path=I2
- https://www.ipbes.net/news/million-threatened-species-thirteen-questions-answers
- https://www.si.edu/content/consortia/zimbelman_presentation.pdf
- https://www.theglobeandmail.com/technology/science/the-13000-megaton-storm/article986153/
- KOSIS. (2021). 행정구역별 용도별 판매전력량. 통계청.
- pmg지식엔진연구소. "시사상식사전". 2014. 09. 05. https://terms.naver.com/entry.naver?docId=2175297&cid=43667&categoryId=43667
- Wikipedia. (2019). List of cities by average temperature. https://en.wikipedia.org/wiki/List_of_cities_by_average_temperature
- 강한들. (2021, 12월 30일). 한국형 녹색분류체계 확정, '원전' 제외… 'LNG 발전' 포함에 '그린워싱' 논란도. 경향뉴스.
- 고경석. (2019, 4월 29일). 반기문 "미세먼지 국내부터 획기적으로 줄여야… 충격요법도 필요." 한국일보. https://www.hankookilbo.com/News/

Read/201904291592058058
- 국가기후데이터센터. (2018). 다중지점 통계. 기상청.
- 김성진. (2019, 5월 27일). '기록행진' 한국 1인당 전기사용량…日·英·獨보다 높다. 연합뉴스. https://www.yna.co.kr/view/AKR20190526055500003
- 농림축산식품부. (2018). "논밭에 퇴비로 뿌린 축산분뇨, 미세먼지로 풀풀 난다" 중앙일보(3.28) 보도 관련 해명. 농림축산식품부.
- 대한지질학회. "지질학백과" https://terms.naver.com/entry.naver?docId=5750563&cid=61234&categoryId=61234
- 박훈. (2020). 사회급변행동으로 2019년을 온실가스 배출량 정점으로 만들길. Klima, 169, 1-7. http://climateaction.re.kr/index.php?mid=news01&document_srl=178126
- 산업통상자원부. (2016). '14년 온실가스 배출량 감소에 발전 부문이 크게 기여 (보도자료). 산업통상자원부.
- 서울시. (2017). "서울시, 고효율 친환경 보일러 3,500대 교체비용 지원한다." 기후환경본부 대기관리과 보도자료. 서울특별시청.
- 이상복. (2019, 9월 9일). 태양광발전 착시 전력수급 새 복병. 이투뉴스.
- 전력거래소. (2020). 가격결정발전계획용 수요예측.
- 진경남. (2020, 4월 20일). 태양광, 분기 보급량 최초 1GW 돌파. 이투뉴스.
- 질병관리본부(KCDC). (2019). 온열질환의 종류 및 응급조치 방법. 질병관리본부. http://www.cdc.go.kr/contents.es?mid=a20304010800
- 청와대 대통령비서실. (2020, 5월 13일). 그린 뉴딜 관련 강민석 대변인 브리핑. 대한민국 정책브리핑. https://www.korea.kr/news/blueHouseView.do?newsId=148872415
- 통계청. (2017). "소득10분위별 가구당 가계수지 (전국, 2인이상)". 가계동향조사. 통계청.
- 한국미생물확회. "미생물학백과" https://terms.naver.com/entry.naver?docId=5703430&cid=61232&categoryId=61232
- 홍일표 국회의원. (2019). 장기저탄소 발전전략, 2050비전을 논하다! 국회기후변화포럼 보도자료(6월 24일).

기후위기,
미래를 만드는 방법

초판 1쇄 발행 2022년 4월 27일

지은이 박훈
기획 고려대학교 오정리질리언스연구원
펴낸곳 도서출판 품
편집 김용만
디자인 김선희

출판등록 2016년 12월 26일 제25100-2016-000077호
주소 서울특별시 동작구 동작대로1길 19, 2층
전화 02-3474-3582
팩스 02-3474-3580
도서출판 품 전자우편 poommaul@naver.com

ISBN 979-11-973810-8-9
ISBN 979-11-973810-7-2 (세트)

* 본문이미지: unsplash
* 이 책의 판권은 지은이와 도서출판 품에 있습니다.
* 책값은 뒤표지에 있습니다.
* 잘못된 책은 구입하신 서점에서 교환해 드립니다.
* 도서출판 품은 품건축(주)의 임프린트 브랜드입니다.
* 본 연구는 2021년도 정부(교육부)의 재원으로 한국연구재단의 지원을 받아
   수행된 기초연구사업임(NRF-2021R1A6A1A10045235).